1

Future
Genius

未来科学家

浩瀚的
太阳系

Solar
System

[英] 英国 Future 公司◎编著　魏晓凡◎译

人民邮电出版社
北京

这本书里有什么

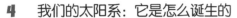

我们的太阳系：它是怎么诞生的

太阳系的成员包括太阳及围绕太阳运行的一切：8颗行星和它们的许多卫星，还有成千上万个被称为矮行星或小行星的小天体，数百万个被称为彗星的冰质天体，以及数量大到以十亿为单位的尘埃颗粒。太阳系是一片广阔的区域，但若与整个宇宙相比，它又微小到令人难以置信。假如把宇宙想象成一个庞大的国家，比如我们的中国，那么太阳系只是一个城市中的一条街，至于地球，只是这条街上的一座房子。目前我们已经知道，太空中大多数恒星都至少带有一颗自己的行星，而且其中许多恒星都有好几颗行星，组成了很像太阳系的行星系统。但是，太阳系对我们来说依然是特殊的，因为它是我们的家园所在。我们的太阳系诞生于大约46亿年前：当时，它还只是宇宙空间中飘浮着的一团巨大的尘埃云和气体物质，出于某种原因，比如某颗爆炸了的恒星放出了冲击波，推挤了这些物质，它们就开始在引力作用下坍缩。尘埃和气体的内部由此变得越来越小，同时密度越来越大，温度也越来越高，最终诞生了一颗新的恒星——我们现在称之为太阳。同时，剩下的气体和尘埃围绕着初生的太阳旋转，整体上看起来就像一个巨大的尘埃"甜甜圈"。这些物质逐渐聚集成更小的团，进而坍缩形成了行星，比如地球。所有这些星球花了很长时间才逐渐稳定下来，并各自占据了我们如今看到的位置。当今的人类已经发射了许多空间探测器，去探索太阳系的各颗行星及它们的众多卫星，还有小行星和彗星；不过，太阳附近仍然有太多未知的奇趣，我们或许永远也无法把这些谜底全部揭开。

4. 剩余物
太阳占用了这里99%的物质材料，但剩下的气体和尘埃数量仍然十分可观，这些剩余物在不停旋转的圆盘内部逐渐坍缩成了小的团块。

这些行星给我们什么感觉？

请把最合适的描述与行星名称连起来。

木星   湿湿的

冥王星 一团气

地球   冰冰的

什么是"天文单位"（AU）？

"天文单位"的英文是astronomical unit，缩写为AU，它是用来表示距离的。1天文单位约等于1.5亿千米，也就是地球和太阳的平均距离。

1. 最初……
在距今46亿年前，一团不会发光的、由气体和尘埃组成的低温云开始坍缩。

5. 行星家族
这些团块最终形成了行星、卫星、小行星和彗星，它们跟太阳一起组成了太阳系。

当心！
为了安全起见，使用剪刀时务必确保有成年人陪同你。

3. 一颗恒星诞生
当中心的温度、密度和压力都变得很高之后，就发生了核聚变反应。一颗新的恒星由此诞生，它就是太阳！

2. 在压力之下
这团云一边坍缩一边旋转，并逐渐变得扁平，形成一个圆盘，其中心的密度和温度都越来越高。

试一试！
自己制作太阳系模型

需要准备的材料

- 直尺，长度最好不短于1米，或足够长的卷尺
- 一个开阔的户外空间，比如学校的操场或运动场——但如果这天刮大风，就改天再试！
- 铅笔、纸和黑色记号笔
- 不怕沾上墨水的一只玻璃杯或小碗
- 剪刀
- 帮你支撑"行星"的8位朋友，如果人手不够，可以在测量完"行星"与"太阳"的距离后把对应行星的纸片放在地上

步骤

1. 用铅笔沿着碗或玻璃杯的外圈，在纸上画出9个圆圈——它们的大小相同，因为这个模型只打算显示行星与太阳之间的距离，所以大小并不重要。

2. 用记号笔在各个圆圈上分别标出"太阳""水星""金星""地球""火星""木星""土星""天王星"和"海王星"，然后小心地把它们剪下来。

3. 把你自己定位成太阳，然后给每位朋友分"一颗行星"。

4. 让你的朋友按照下面表格中的距离，从你的身边往另一方向走。分到"内行星"（即水星和金星）的朋友将会离你较近，因为这些行星本身就非常接近地球——这只是从宇宙学意义上讲。

5. 每个人都到位之后，大家举起手中的"行星"，你就可以看到太阳系那惊人的规模：看看内行星离得多近，而外行星离得有多远吧。

行星	与太阳的距离（平均值）	在模型中与"太阳"的距离
水星	0.39 AU	39厘米
金星	0.72 AU	72厘米
地球	1 AU	1米
火星	1.5 AU	1.5米
木星	5.2 AU	5.2米
土星	9.6 AU	9.6米
天王星	19.2 AU	19.2米
海王星	30.1 AU	30.1米

太阳：
离我们最近的恒星

太阳是个硕大的气体星球，它有多大呢？太阳系里除它以外的所有星球和所有物质，都装进它的里面也不嫌挤。它在天空中如此耀眼，是因为温度特别高：它的表面温度大概有5500摄氏度，而它的核心更是热得离谱，那里大约有1500万摄氏度！太阳位于太阳系的中心，是这个天体系统里最为庞大也最为重要的天体。太阳系里的所有行星、小行星和彗星，都围绕着太阳运转。如果没有太阳带给我们的光和热，我们就无法在地球上生活。

太阳是颗恒星。夜空中的点点繁星，大都是宇宙中更加遥远的"太阳"——它们与我们的距离太远，所以在我们的位置看来，这些恒星才变成了微小的光点。假如我们生活在这些遥远恒星中某一颗的行星上，那么，从那里看我们太阳系的这个太阳，也只是夜空中的一个小光点。我们的太阳诞生于46亿年前，此前它是由气体和尘埃物质构成的一块巨大的、自转着的云雾。它孕育了太阳之后，剩余的物质中又孕育了各大行星。

这里有个坏消息：太阳不会永远存在下去。它既然是恒星，就像所有其他恒星一样，有自己的寿命，有诞生也有消亡。当太阳的寿命耗尽后，它会膨胀得像一个巨型的红色气球，然后坍缩成一个低温、死寂的球形残体。好消息是：这个过程在大约50亿年之后才会发生，所以别担心，该度假照样度假，该学习照样学习！

恒星和行星有什么不同？

恒星是巨大的气体星球，温度很高，所以能发出耀眼的亮光。行星的个头不如恒星，会绕着恒星运转，并反射恒星的光。

以下4颗星中，哪一颗与众不同？

如果觉得自己已经掌握了恒星和行星的差异，请试试指出：下面哪一颗不是恒星？

光球层
我们从地球上看到的太阳表面就是这个物质层。太阳的磁力线经常在这一层发生狂暴的扭结，使得局部颜色变深，这就是"太阳黑子"。

色球层
这个气体层是透明的，但温度很高，差不多可以达到4500摄氏度。它包覆在光球层的外边。

日冕
它相当于太阳的"大气层"，温度特别高，可达约100万摄氏度，但相对太阳本身而言很暗，平时看不到。趁着日全食方可一睹其容貌。

木星

参宿四

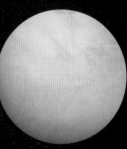
天狼星

参宿七

内核
这是太阳的核心，这里的物质非常致密，这里发生的核聚变反应不断创造着光和热。

辐射层
这里的物质依然比较致密，从内核释放出来的能量和粒子会到达这里，并极为缓慢、曲折地穿过它。

对流层
这个区域内的气体会形成很多的"泡泡"，不断起落翻搅，其活动状态很像烧水壶里刚烧开的水。

太阳到底有多大？

太阳比地球大太多了，所以很难直观地想象出它庞大到什么程度。为了便于说明，最好找个比地球大的天体来当参照，比如木星。

木星是太阳系里最大的行星，假如它是个空壳，那么里边可以装下大约1000个地球。而太阳如果是空壳，则可以装下大约1000个木星！也就是说，太阳可以装下100万个地球。

为什么太阳如此重要

太阳不仅向天空中洒满耀眼的光辉，给我们带来了比其他行星上都更美丽的日出、更壮观的日落，它还是我们生命中最重要的事物，乃至是整个太阳系中最重要的东西。假如太阳没有诞生，那么地球也不会诞生，我们也不会生活在这里。太阳作为一颗恒星，为地球上的生命提供了所有必需的光和热。设想一下，太阳现在突然熄灭了（放心，这不会发生，只是假想，别担心！），那么8分钟之后，地球上就会看到它变暗，我们的大自然随之开始结冰。倘若失去了太阳的光和热，庄稼和家畜就会开始死亡，其他的野生动物也会陆续死去。我们将再也无法利用太阳能，所以不得不转而依赖其他更加昂贵的、对环境更具破坏性的能源。一旦整个地球结了冰，人们或许将被迫永远住在房间里或地底下！

太阳给了地球足够的温度去孕育生命

多亏了太阳的热能，地球表面的水才可以维持在液态——这对生命来说是必不可少的。

太阳给我们光
如果没有阳光，地球将处于永恒的黑暗中，任何植物，包括庄稼，都无法生长。

地球陷入大灾难
如果有一天，太阳上发生足够剧烈的爆炸，可能会导致地球上的发电站和计算机全都停止运作。

太阳：卫星杀手
太阳爆发有可能破坏人造卫星，导致我们无法进行天气预报，也无法在全球通信。

太阳给我们送来能量
现在已经有许多个人和单位使用太阳能电池板，把阳光转化为能量。

把过去的东西挖出来供未来使用
现在的发电站使用的化石燃料，比如煤和石油，其实都是几百万年前由太阳的热和光转化而成的。

北极光和南极光

太阳每时每刻都释放出许多能量，只不过其中有一些种类是人类看不到的，比如"太阳风"。但如果这种"风"正好以特定的轨迹撞击了地球的磁场，那么就会让大气层中的某些气体发光，而且还带着漂亮的颜色。这就是北极光和南极光。

小测验

对于太阳，这颗离我们最近的恒星，你了解多少？

1. 太阳表面的温度是多少？

_____

_____

2. 假如太阳是个空壳，在里头装满地球，能装多少个？

_____

_____

3. 什么是太阳黑子？

_____

4. 太阳的核心有多热？

_____

5. 太阳外面有许多温度特别高的气体"胡须"，它们叫什么？

_____

答案：1. 5500摄氏度；2. 100万个；3. 太阳表面的暗斑；4. 1500万摄氏度；5. 日冕。

太阳脑筋急转弯

从这颗离我们最近的恒星上，你能获得哪些新发现?

词语接龙

用英文单词回答下列5道题，要求每题答案所用的单词的字母是可以首尾相接的。

1.太阳是离地球最近的_____。

2.当太阳走到它生命的尽头，它会膨胀，形成_____。

3.如果月亮完全挡住了太阳，这种天象叫作_____。

4.把太阳用来装某一颗行星，可装100万个，这个行星是_____。

5.太阳的物质成分中，最多的是叫作_____的气体元素。

答案: 1.STAR (恒星); 2.RED GIANT (红巨星); 3.TOTAL SOLAR ECLIPSE (日全食); 4.EARTH (地球); 5.HYDROGEN (氢)。

单词游戏

请从右边的词汇中挑选合适的词, 填入左边的各个句子中。

太阳是离_____最近的_____
恒星 地球 银河

黑子是太阳表面的_____
风暴 磁场 龙卷风

太阳与_____的距离是1.5亿_____
地球 尺 千米

日珥是_____,它是从太阳表面伸出的巨大_____结构。
弧形 水 气体

数一数,有多少太阳黑子?

太阳表面有时会出现一些温度较低的区域, 称为黑子。请数一数这幅图里有多少太阳黑子, 并把得数写在空格里。

用太阳射线玩方块阵

这里用许多个"太阳射线"图案组成了一些方块阵，想想要抹掉其中哪些，才能满足题目的要求？

抹掉3个，留下3个方块

抹掉2个，留下2个方块

抹掉5个，留下3个方块

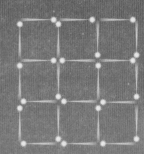

抹掉8个，留下5个方块

找不同

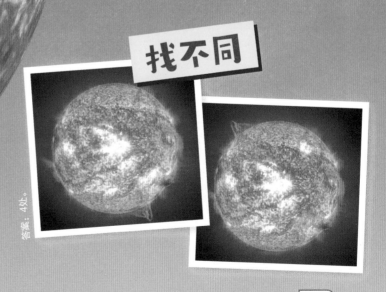

答案：4处。

请比较这两张太阳照片，其中有几处不同？

欢迎来到内太阳系

从宇宙的层面上说，内太阳系算是一个特别拥挤和热闹的地方，就像熙熙攘攘的城市中心——在这里，四颗由岩石组成的小小的行星，还有它们的3颗更小的卫星，一直周而复始地绕着那颗名叫太阳的、发出明亮黄色光的恒星转。与此同时，还有冰质的彗星从太阳系外围的黑暗区域里冲过来，呼啸着绕过太阳，随后再次回到黑暗之中。我们所居住的地球是内太阳系的4颗行星之一，它是距离太阳第三近的行星，这个轨道位置正好适合生命活动。地球如果离太阳太近，就会太热；如果离太阳太远，就会太冷。要说离太阳最近的行星，那就是水星，它只比月球大一点点，而且近到只要88天就能绕太阳转一圈。离太阳第二近的是金星，这颗行星通常被称为"地球的孪生兄弟"，因为它的大小跟地球差不多。不过，金星的环境完全不像地球！如果我们站在金星表面，立刻就会被那里的空气毒死，这个过程非常快，以至于那里的高温还来不及把人活活烧死，那里超强的大气也还来不及把人压扁。在地球外边则是火星，它是一个布满灰尘的冰冻星球，直径是月球的两倍，表面有巨大的火山和峡谷。目前认为，火星在很早以前曾像地球一样拥有许多蔚蓝的水域，但如今这些海洋和河流都消失了，只剩下干燥的环境和死亡的气息。而在火星之外，太阳系就变得不太拥挤了，但同时更黑暗、更寒冷，一切都是那么遥远。我们的地球是太空中的一片小"绿洲"，是整个太阳系中唯一允许我们不穿航天服就能生活和游逛的地方。

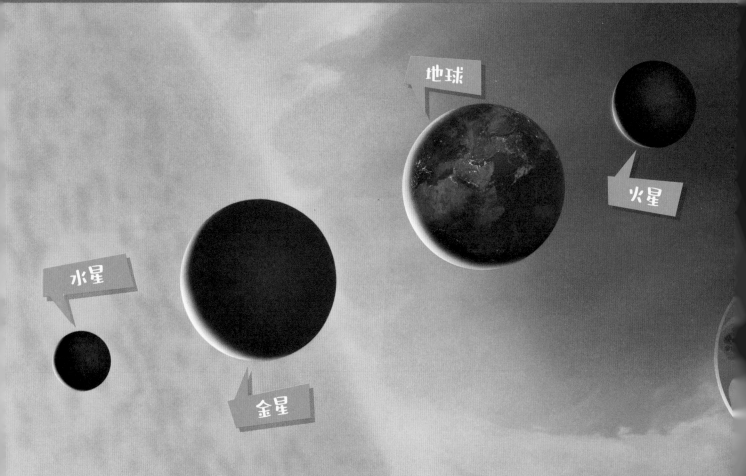

在开始执行任务之前……

下面是一些在"内太阳系之旅"中会遇到的地名，你能把它们的英文正确地填进格子里吗？

水星（MERCURY）

金星（VENUS）

地球（EARTH）

月球（THE MOON）

火星（MARS）

小行星带（ASTEROID BELT）

内太阳系（INNER SOLAR SYSTEM）

试一试！

在上面的填字游戏里，你应该注意到了有些格子被标为黄底。把这些格子里的字母取出来，可以组成一辆火星车的名字，它属于美国的火星探索计划。

请将其写出来：

_ _ _ _ _ ◎ _ _ TY

答案：CURIOSITY（好奇号）。

水星：跑得最快的行星

在太阳系的8颗行星中，水星是离太阳最近的。同时，它也是太阳系中最小的行星，只比作为地球卫星的月球大一点儿。其实，如果把水星和月球放在一起，就能看出它们的外观十分相似。水星的表面呈灰褐色，岩石覆盖着那里开阔的平原，平原上还有数千个环形山，它们是在太阳系刚刚形成的时期被陨石撞击出来的。水星上也有山脉和山谷，以及因为岩质地壳收缩而形成的奇特褶皱。与地球的地壳相比，水星的壳层厚度尚有争议，为20~40千米，而地球的壳层平均厚度已有定论，约17千米。水星表面有许多以著名的文学家、艺术家和科学家的名字命名的地貌景观。

水星离太阳很近，所以它绕太阳运转的速度也很快，超过了太阳系内其他行星。水星上的"一年"是地球上的88天，所以如果有人生活在水星，那每隔88天就过一次生日，而新年也会每88天到来一次——这或许会让那里的生活开销变大，因为你经常需要花钱去买礼物！

同样是因为离太阳太近了，研究水星也是件很困难的事。到目前为止，还没有任何人造飞行器平安降落到水星表面，只有一个探测器曾在它附近经过，还有另一个有着很长名字的探测器（它叫"水星表面、太空环境、地质化学及测距探测器"，英文缩写为MESSENGER，也被称为"信使号"）曾在2011—2015年绕着它飞行，为这颗行星伤痕累累的表面拍摄了数千张照片，还研究了它那已经稀薄到了几乎不存在的大气层。完成使命后，这个探测器按照预定计划撞向了水星表面。它虽已自毁，但也给水星留下了一个全新的环形山！

重要数据

卫星数：0

质量：约为地球质量的0.055倍

直径：约为地球直径的三分之一，只比作为地球卫星的月球大一点儿

绕日周期：88地球日（即约为地球上的88天）

自转周期：自转一圈要花费超过地球上的58天，而这就是水星上"一昼夜"的长度

温度：白昼最高可达425摄氏度，而夜晚最低可达零下179摄氏度

所属类型：岩质内行星

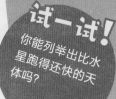

水星跑得有多快？

当年，"阿波罗号"飞船从地球飞到月球用了4天时间。但是，如果能以水星绕太阳运转的速度飞行的话，那么只需要2小时就够了！若是飞机的速度能像水星在轨运行那么快，那从伦敦飞到纽约只需1.8秒。若你能以跟水星相同的速度开车，那么绕地球一圈只要18秒！

试一试！

你能列举出比水星跑得还快的天体吗？

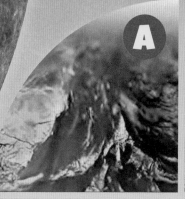
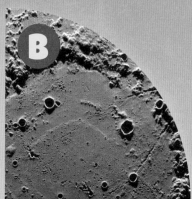
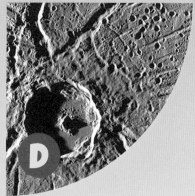

水星的表面

这颗绕太阳运行速度最快的行星，其表面特征与月球相似。这4张照片中有3张是水星表面，请问哪一张是冒牌货？

答案：A不是水星，它拍的是土卫六"泰坦（Titan）"。

水星表面为什么有这么多"麻子"

水星表面到处都是环形山，这点颇像月球，也像太阳系中的其他几颗行星、卫星和众多小行星。这些多到快要数不清的环形山到底是什么？又是怎么出现的？环形山是撞击留下的痕迹。我们在水星（或类似的星球）上看到的这类痕迹，大都是由一块块从太空中飞过来的岩石撞击而成的，这些岩石的速度快得令人难以置信，它们以巨大的力量撞上了水星表面，导致很多的物质被"炸"开，留下一个坑。有些环形山非常小，只有几米宽甚至更小，但也有巨大的环形山，其直径可以达到数百千米甚至上千千米。

水星上的许多环形山都被冠以著名艺术家、文学家和科学家的名字，比如诗人勃朗特姐妹，还有剧作家威廉·莎士比亚。这颗行星上最大也最著名的地貌，是一个名叫卡路里盆地（Caloris Basin）的陨击坑，它直径约1540千米，如果水星是个靶子，它看起来就像靶心。它的边缘是由一圈高达2千米的参差不齐的山脉构成的。天文学家认为，它是在大约40亿年前，由一块直径超过100千米的大岩石撞击水星留下的，显然整个水星都被它"震撼"了！

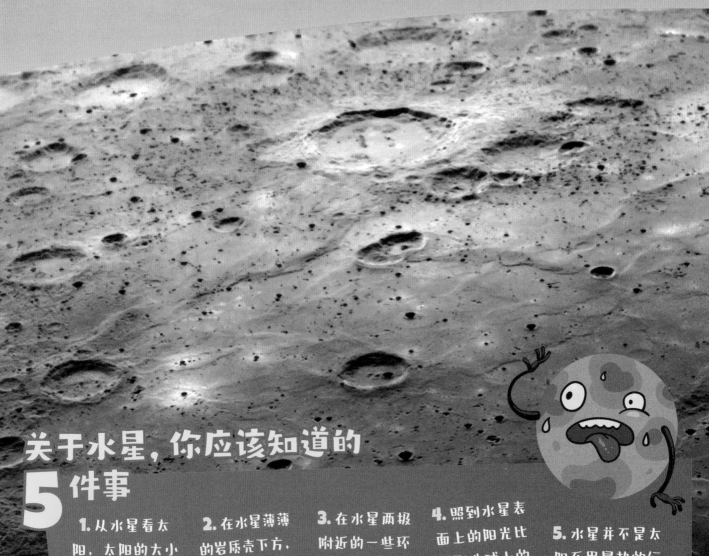

关于水星，你应该知道的 **5**件事

1. 从水星看太阳，太阳的大小是从地球上看的3倍。

2. 在水星薄薄的岩质壳下方，是一个巨大的金属核心。

3. 在水星两极附近的一些环形山中发现过水结成的冰。

4. 照到水星表面上的阳光比照到地球上的强烈7倍。

5. 水星并不是太阳系里最热的行星，金星才是。

试一试！

制作你自己的环形山！

需要准备的材料

- 大碗
- 面粉
- 可可粉
- 装饰蛋糕用的彩色糖粒
- 几块石头

当心！

在做环形山的时候，请找一位成年人当助手，但要注意别把面粉弄得他/她满身都是！

步骤

1 在碗里装上半碗面粉。

2 在面粉表面撒一些装饰蛋糕用的彩色糖粒。

3 用一层薄薄的可可粉盖住面粉和糖粒。

4 让一颗石头从高处掉进碗里，位置越高越好。

5 观察由石头砸出的"环形山"，看到面粉从可可粉间露出来形成的明亮的"辐射纹"了吗？糖粒像不像四外迸溅的"碎石"？对比这个"环形山"与水星上的环形山，看看它们之间的相似之处。

6 用不同大小和形状的石头反复尝试，还可以让它们以不同的速度，从不同的高度或角度坠落，看看它们砸出的环形山有何不同。

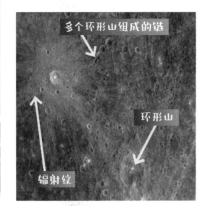

多个环形山组成的链

环形山

辐射纹

米老鼠环形山

这是水星上的3座彼此相邻的环形山，美国国家航空航天局的科学家昵称它们为"米老鼠环形山"，因为它们的组合方式很像迪士尼的著名动画人物——米老鼠。

17

水星脑筋急转弯

下面这些关于"最快行星"的趣味题目，
你能多快做完？

水星上的外星人

　　根据下面的各项提示，画出一个到水星旅游的外星人，而
且让它能在水星这颗小小的行星上生存。

- 水星上的阳光十分强烈和危险，所以外星人要能保护自己的
  眼睛……
- 水星上的岩石地面温度特别高，所以外星人要防止自己的脚
  被烫伤……
- 水星上没有空气可供呼吸，所以外星人要随身携带空气……
- 水星上没有水可以喝，所以外星人必须带着水，还要能循环
  利用……
- 水星上的温度可能高得致命，所以外星人要有办法保持凉爽……

多少个水星？

　　水星很小，18颗水星的体积加起来才与地球相等。下面画了6颗相同
的水星，请给它们赋予合适的数字，让总和等于18。

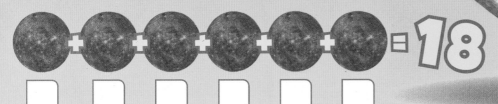

□ + □ + □ + □ + □ + □ = **18**

单词搜搜搜

在搜索框中找出下列用来描述水星的6个单词。你能找全吗？

CORE（核心）、ICE（冰）、CRATERS（环形山）、HOT（热）、RIDGES（山脉）、MESSENGER（"信使号"）

```
Q R N U J A F S A X C U K I
S B D O L S B A E E N G C V
Y E H H U R E F Q G G M I N D
B A C O O K E G X J D Z E M
G E T N M U S C D B O I X E M
C V Y H U A E K L I O P R S
J H O D S K L H A A R F J
C T X E B M N Z V E T U O E N
A H C R A T E R S L X I P N
W T E O U P O D I L H F C G
M B X Z U E Y X P U W A A E
J D E R O C N Y I P E R T C
V E Q W M U F S A E M U F C
T N S A D Y J W N S U A T M
```

对还是错？

水星是距离太阳最远的行星

水星表面有个巨大的环形山叫卡路里盆地

水星绕太阳运行一圈的时间为88地球日

混乱单词

1. scterra

2. tursc

3. ermgnesse

4. eCoR

5. apemutterer

答案：1.craters（环形山）；2.crust（地壳）；3.MESSENGER（"信使号"）；4.core（核心）；5.temperature（温度）。

金星：
地球的"邪恶孪生兄弟"

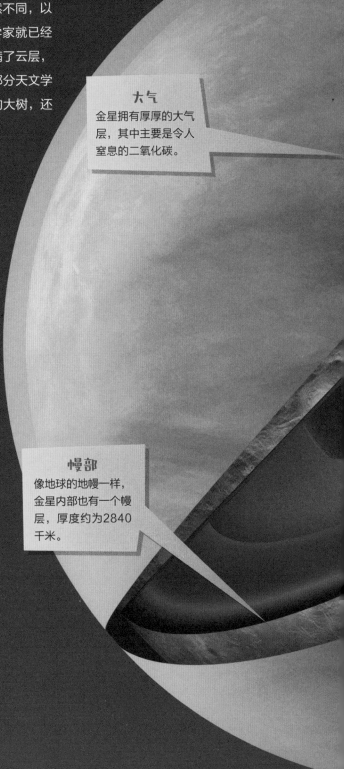

金星的轨道也比地球离太阳更近，它经常被称为地球的"孪生兄弟"，因为它的大小和地球差不多。但除了大小之外，金星和地球截然不同，以至于金星也被称为地球的"邪恶孪生兄弟"！很久以前，天文学家就已经看到金星在天空中闪闪发光；通过望远镜，可以发现它表面盖满了云层，没有缝隙，这使得天文学家意识到金星可能非常热。不过，一部分天文学家想象力比较丰富，他们觉得金星上可能布满了丛林，有参天的大树，还有沼泽，甚至可能有恐龙游荡其间。

如今，通过使用空间探测器考察金星，我们已经知道在金星广阔的岩质平原上并没有横冲直撞的霸王龙，但金星仍是一个迷人的地方，它的表面布满了峡谷和死火山，并且覆盖有很厚的大气层。这些气体就像温室的玻璃一样，把从太阳传来的热量牢牢捂住，导致金星表面比烤箱还要热。金星上也会下雨，但雨水的主要成分是硫酸，实际上这些"酸雨"根本落不到金星表面，它们在大气层的高处就会变成一片薄雾了。最近也有一些科学家发现，在金星云层的高处有生命存在的迹象，也就是说，那里的条件没有金星表面那样可怕，但其他的科学家则认为这个发现是错的。这个问题的真正答案，或许要将来才能知道。苏联的探测器曾经降落到了金星上，但由于那里的环境过于恶劣，探测器很快就失去了工作能力。人类航天员更是不太可能前往金星表面，但有朝一日我们可能会派出车型的机器人，也就是"金星车"，去探查那个被不断翻腾的有毒云层遮掩着的金星世界。

大气
金星拥有厚厚的大气层，其中主要是令人窒息的二氧化碳。

幔部
像地球的地幔一样，金星内部也有一个幔层，厚度约为2840千米。

云雾

金星的天空里布满硫酸云，地球的这位"孪生兄弟"还真是"邪恶"。

核

金星的核区成分是铁，半径约3200千米。

重要数据

卫星数：0

质量：约为地球的0.8倍

直径：与地球大致相同

绕日周期：约为地球上的225天，差不多等于2/3年

自转周期：自转一圈要用地球上的243天有余，也就是说，在金星上，"一天"比"一年"还长

温度：金星表面的平均温度可达452摄氏度，若你能平安到达那里，会看到连岩石都在高热的侵袭下发出微光

所属类型：岩质内行星

金星的质量

金星的质量是地球的80%，写成分数形式就是$\frac{8}{10}$。但是，假若要让下面的式子成立，请问金星和地球分别应该代表几？

（金星＋金星＋金星＋金星）÷（地球＋地球）＝$\frac{8}{10}$

"金星"＝？

"地球"＝？

地球

答案："金星"＝2，"地球"＝5。

在厚云之下

如果你真的想踏上金星表面四处逛逛（我们强烈建议：不要这样做！），你就需要一件极为特殊的航天服来保命——如果穿上满足这种要求的航天服，你看起来很可能不像一位航天员，而像是一位深海潜水员或一个机器人！走出飞船之后，你大概会发现自己站在一片贫瘠的沙漠上，沙子是橙色的，其间夹杂有很多碎石，远处的地平线上有小丘。抬头望去，是一片布满云雾的天空，其间有耀眼的闪电，但它延伸的速度比地球上慢，而且永远不会打到地上。这里的云层太厚，所以看不到太阳，但云层非常擅长保存太阳的热量，导致金星上的气温比烤箱里还高，周围的所有东西都在这种热雾中闪闪发光。随着你的航天服里越来越热，你也忍不住想摘下头盔，去呼吸一些"新鲜空气"，但这个主意非常糟糕——你会直接死掉，因为金星上的空气主要是由二氧化碳构成的，这是我们的身体呼出的一种废气，它会让人窒息。如果你偶然碰到当年苏联发射到金星上的那个探测器，应该会看到它已经被由上至下的大气压力给压碎了。总之，金星是一个相当差劲的度假目的地。

金星上的天气怎么样？

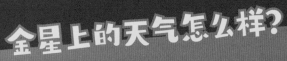

下酸雨的可能性
高空经常下，表面很难下

云量
布满整个天空，这些高温的云导致能见度很差

平均气温
452摄氏度

气压
是地球表面气压的90%，相当于海拔1000米处

概述

有极大可能看到闪电在云朵之间慢慢移动，但闪电不会到达金星表面。

阿尔法区
金星表面的这一片区域被称为"阿尔法区"，但其边界十分模糊。

"姮娥"冕状物
它是一块卵形的洼地，直径约1000千米，名字取自中国神话。

古拉山
这座死火山高度约3千米，直径约300千米。

Phoebe Regio
这是一片火山地区，苏联的探测器曾经在此着陆并考察。

吉祥天女高原
这是一片被群山环绕的高原，名字取自印度神话中象征富足的女神"拉克希米"。

贝塔区
一块因火山活动而形成的平地，德瓦娜峡谷从其中穿过。

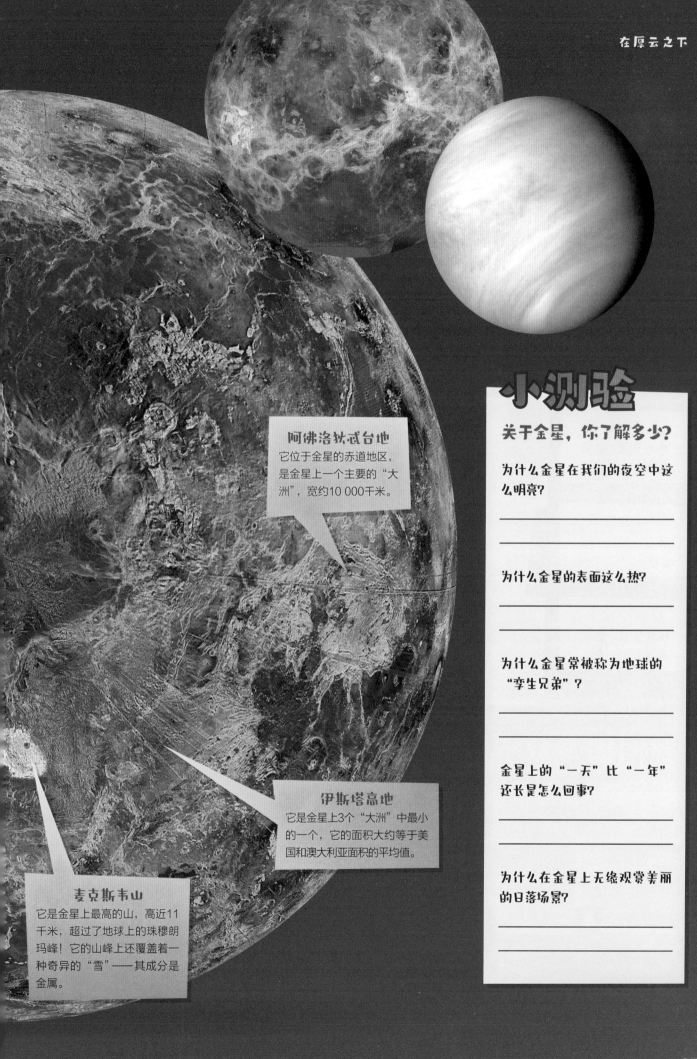

阿佛洛狄忒台地
它位于金星的赤道地区，是金星上一个主要的"大洲"，宽约10 000千米。

伊斯塔高地
它是金星上3个"大洲"中最小的一个，它的面积大约等于美国和澳大利亚面积的平均值。

麦克斯韦山
它是金星上最高的山，高近11千米，超过了地球上的珠穆朗玛峰！它的山峰上还覆盖着一种奇异的"雪"——其成分是金属。

小测验

关于金星，你了解多少?

为什么金星在我们的夜空中这么明亮?

_____

_____

为什么金星的表面这么热?

_____

_____

为什么金星常被称为地球的"孪生兄弟"?

_____

_____

金星上的"一天"比"一年"还长是怎么回事?

_____

_____

为什么在金星上无缘观赏美丽的日落场景?

_____

_____

金星脑筋急转弯

面对地球的这位更热的"孪生兄弟"，来回答关于它的题目吧！

太阳系里的那些高山

金星上的麦克斯韦山，是太阳系里的名列前茅的大山，不过下列3座山中到底谁是第一名呢？

麦克斯韦山
所在行星：金星
高度：10.94千米

奥林波斯山
所在行星：火星
高度：21.22千米

珠穆朗玛峰
所在行星：地球
高度：8.85千米

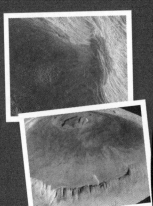

哪幅图与众不同？

这些图片表现的都是不同行星的表面，但其中有一幅并非照片，是哪幅？

 **A**

 **B**

 **C**

 **D**

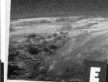 **E**

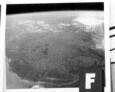 **F**

A "麦哲伦号"探测器用雷达获取的金星表面图像

B "阿波罗计划"中某一次任务拍摄的月球表面

C "好奇号"火星车拍摄的火星表面

D 欧洲航天局"惠更斯号"探测器拍摄的土星卫星"泰坦"表面

E 美国国家航空航天局"新视野号"探测器拍摄的冥王星上冰封的山区

F 水资源丰富的地球表面，这里是人类的美丽家园

答案：奥林波斯山是第一名。与众不同的那一张不是一般意义上的照片，它是根据测量及观测到的数据制作出来的图像。

填字游戏

根据下列线索推断出对应的英文单词，填进上面的框里。

横向

② 包裹着金星的厚厚的一层气体。
⑤ 某种曾被误认为遍布金星表面的地貌。
⑦ 金星的卫星数量。
⑧ 在金星的天空中经常闪耀的东西。
⑨ 将来可能降落在金星表面的某一类探测器。
⑪ 金星最著名的别称。
⑫ 第一个从金星附近飞过的探测器。
⑬ 金星是离太阳第几近的行星？。

纵向

① 金星上最有名的山。
③ 金星的表面到处都有的一种东西。
④ 苏联发射的金星系列探测器的名字。
⑥ 金星大气层中含量最高的气体。
⑩ 利用雷达来绘制金星地图的美国探测器。
⑬ 在金星表面一直看不到的某个东西。

来涂色吧！

给金星上色。假如你的彩笔不缺任何颜色，它看起来会像个什么？

答案：1.MAXWELL MONTES（麦克斯韦山）；2.ATMOSPHERE（大气层）；3.ROCK（岩石）；4.VENERA（"金星号"）；5.SWAMPS（沼泽）；6.CARBON DIOXIDE（二氧化碳）；7.ZERO（零）；8.LIGHTNING（闪电）；9.BALLOON（气球）；10.MAGELLAN（"麦哲伦号"）；11.THE EVENING STAR（长庚星）；12.MARINER（"水手号"）；13.SECOND（第二）。

25

地球：我们的家园

经过几百年来对宇宙的研究，如今的人类已经找到了4000多颗行星，其中8颗在我们的太阳系里，其他的都围绕着太空中遥远的恒星运转。但是，在这数千个小"世界"中，我们人类已知的、拥有下述这般美景——蓝色的海洋、蓬松的白云、茂密的森林的行星只有一个，也只有它表面存在着生命。这就是地球！我们就生活在这里。地球是太阳系中的4颗岩质行星之一，也是离太阳第三近的行星。在太空这片寒冷的"荒漠"中，跟其他行星相比，地球可以说是一片引人注目的、蓝白色的"绿洲"——地球三分之二的表面都被水覆盖着。不过，地球并不是一开始就这样的，而且未来也不会永远像现在这样适合我们生活。距今46亿年之前，地球刚刚形成，那时它受到许多从太空中飞来的巨大岩石的撞击，这些撞击带来的热量融化了地球的表面，产生了巨大的熔岩湖。后来，地球慢慢地冷却了，形成了一层坚硬的外壳，大陆由此成形，生命也得以从海洋中开始出现，并逐渐在地球表面扩散。今天的地球，跟太阳系的其他行星相比，真是一个天堂一样的世界：生命无处不在，不仅在地面上，也在空气和水中。但是，当太阳未来像气球一样膨胀起来，把我们的家园烤焦的时候，地球就会再一次因温度过高而不适合生命存在——但别担心，这些事情在50亿年之后才会发生！你作为78亿人口之中的一员，请享受此刻、享受生活吧，就在我们所知的宇宙中这颗最拥挤但也最美丽的星球上……

海洋
地球表面的71%被海洋覆盖。这里最深的海洋是太平洋，最深处超过1万米。

地壳
陆地和海洋都位于地壳之上，你可以把地壳想象成苹果的皮或橘子的皮。

地幔
位于地壳的里面、地核的外面，整体呈熔融状态，厚度大约2900千米。

大气层
地球的大气层只是包围着表面的薄薄一层气体，但它保护着地球万物的生命。地球上的大部分天气现象都发生在大气层中最低的部分——对流层。

重要数据

卫星数：1

质量：59万亿亿吨

直径：12 739千米

绕日周期：365.25天

自转周期：自身绕轴转一圈的时间略短于24小时

温度：平均15摄氏度

所属类型：岩质内行星

磁场
地球的磁场形状跟条形磁铁的很像，但磁力线范围已经远远超出了大气层。

观察地球

科学家会使用人造的飞行器观察太阳系的其他行星，观察地球时更是如此。围绕地球飞行的人造卫星可以监测气候和海洋，可以观察森林的砍伐程度和城市化的水平并制成图表，可以测量光污染的强度和光源侵蚀的情况，可以密切关注冰川的融化和各种自然灾害，还可以绘制出地球重力场的分布图。

火山
地球的表面分布着一些火山，它们会往大气中喷射熔岩和硫黄，还有二氧化碳等有毒气体。

地核
地球的核心是固态的，成分主要是铁和镍，直径约7000千米。

试一试！

我们应该把更多的钱花在保护地球上，还是花更多的钱去太空？去太空能造福地球吗？你和你的朋友们是怎样想的？

更多的钱 或 **更少的钱**

单词搜搜搜

CONTINENT（大陆）、MANTLE（地幔）、ATMOSPHERE（大气层）、OCEAN（海洋）、FOREST（森林）、MOUNTAIN（山脉）、OXYGEN（氧气）、MAGNETIC FIELD（磁场）、LIFE（生命）、BLUE PLANET（蓝色行星）

```
T A L I D B M S R R I R E U
H D H T F O S A N R N Z R R
E O L E O C E A N T T R O U
F E R E H P S O M T A E B B
C O N T I N E N T E L F T S
A G R E E F I L N N M E F E
T O D E G E C E I A U S A K
S R E U S Y H I A L K S E E
I E I N E T X R T P I A S S
N C A I S E O O N E A C I C
N E T R D E E T U U N L I H
O T U U O H W I O L D G N N
D A G G O I I A M B L A A E
H S H O A F D I O S H O R M
```

地球上的生命

在已经发现的所有行星中，地球是独一无二的，因为它拥有人们呼吸所需的空气，还有可以饮用以维持生命的水。但为什么这里才有合适的空气和水呢？因为地球在太阳系中的位置正好适宜生命存在：如果离太阳更近，地球就会更热，导致珍贵的水全都像金星上一样蒸发掉了；而如果离太阳更远，地球就会很冷，像火星一样，所有的水都会结冰。地球厚实的大气层，不仅给我们提供了用于呼吸的一层空气，还保护我们免受许多太空岩石的袭击，也替我们减弱了来自太阳的危险辐射。因此地球对我们来说

几乎是完美的——而且受益的不仅是我们人类。生命在这颗星球上无处不在，我们在炽热的火山喷发口和漆黑的海底，都发现了一些神奇的物种；生命可以在南极洲奇寒的荒地和非洲酷热的沙漠中茁壮成长；生命可能像蓝鲸一样巨大，也可能比书页上的小数点还要小。生命遍及地球！而在太阳系中的其他地方，即便我们找到生命，恐怕也只是很简单的生命，比如在木卫二、土卫二的冰面之下有某些蠕动的东西，甚至只是细菌。这可不像地球上有狮子、海豚、鹰和小猫来跟我们分享生活。

珠穆朗玛峰
它的形状像一座金字塔，是地球上海拔最高的山峰，峰顶离海平面8848.86米，人类直到1953年才首次登顶。

里约热内卢港
这座世界上最大的港口被高山环绕，它位于巴西南瓜拉湾西南岸，港湾中有130多个岛屿。

帕里库廷火山
它是一座巨大的死火山，位于墨西哥乌鲁阿潘市附近。它在1943年首次喷发，是从一位农民的田里冒出来的，现高度超过450米。

世界上的七大自然奇观

美国大峡谷
它横跨美国亚利桑那州，长达446千米，有些段落深达1.93千米。它是科罗拉多河的水流在地面上"挖"出来的，已有500万到600万年的历史。

大堡礁
它是世界上最大的珊瑚礁系统，位于澳大利亚海岸附近的"珊瑚海"，它绵延2300千米，大到很容易从太空中辨认出来。可悲的是，人类的活动及其带来的污染正在使它逐渐变小。

维多利亚瀑布
它位于非洲的津巴布韦，是世界著名的瀑布之一，有100多米高，1600多米宽。它的高度是美国和加拿大边界上的尼亚加拉大瀑布的2倍多。

北极光
太阳会释放出带有能量的粒子，这些粒子撞击地球磁场就可能引发极光。极光通常出现在地球南极和北极地区的上空，通常是红色或绿色，样子可能像光束、柱子或窗帘，在天上无声地摇曳。

白天和黑夜是怎么出现的？

阳光

日与夜
太阳照到的地方就是白天，太阳照不到的地方就是黑夜。

运动的地球
地球在太空中并不是静止的，它不仅绕着太阳转，还像陀螺一样自转。

在阳光下
当地球自转时，它的不同部分轮流面对太阳，并被太阳照亮。

四季是怎样产生的？

公转
当地球围绕太阳运行时，它会慢慢地改变倾斜的角度，就像一个摇晃着的旋转陀螺。*

春季
在寒冷和相对黑暗的冬天之后，气温开始上升，植物重新开花。

夏季
这时的气温最高，大多数植物，包括庄稼，都在一年中白昼最长的季节里生长。

太阳

秋季
随着白天开始一天比一天短，夜晚也开始变长，气温又开始下降。

季节
随着地球的某些部分逐渐向太阳倾斜或逐渐远离太阳，这些地区的白昼长度也会变化，从而在一段时间内变得更热或更冷，于是划分出了季节。

冬季
这是一年之中温度最低，天空也最暗的时候，白天短，夜晚长。

*译者注：这种变化很慢，在一年之内其实可以认为地轴的倾斜角并没有改变，而这种不变的倾斜角恰好使得地球表面固定的地方会在不同的月份以不同的角度对着太阳。

地球
脑筋急转弯

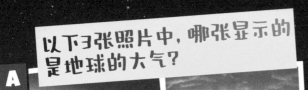

以下3张照片中，哪张显示的是地球的大气？

A

B

C

答案：A。

哪一个与众不同？

地球是一颗岩质行星，那么以下3颗行星中哪一颗不是岩质的？

火星　　海王星　　金星

答案：海王星。

12
地球上一年包含的月数。

21%
地球大气中氧气所占的百分比。

71%
地球表面被水覆盖的区域所占的百分比。

A

B

以下3张照片中，哪张展示了地球的地壳？

C

答案：B。

365
地球在绕太阳公转一圈的时间里，自转的大致圈数。

试一试！

湿润的世界
跟朋友讨论一下，为什么地球上有水是很重要的？地球上的海洋比陆地多吗？如果你不确定，请再读一遍关于地球的章节。

以下3张照片中，哪张
展示了地球的核心？

A

B

C

答案：B。

30
地球绕着太阳运动
时，每秒行进的千
米数。

12 753
地球直径的千米数。

以下3张
照片中，
哪张展示
了地球上
的大洋？

A

B

C

答案：C。

彗星：
太空中来的脏雪球

彗星是整个太阳系中最迷人的一种天体类型。过去，人们认为彗星出现在天空中会带来厄运，比如引起地震或其他可怕的事情，但现在已经知道这种观念完全没根据。彗星是混杂着尘埃的巨大冰块，也像行星一样围绕太阳运行，但轨道更加扁长，而不是像行星的轨道那样近似圆形。彗星在大部分时间里都远离太阳，"躲"在寒冷、黑暗的太阳系边缘，基本没有存在感。部分彗星绕太阳走一圈的时间可能长达数千年甚至上万年。只有当它们靠近太阳，并受到太阳热量的影响时，它们才慢慢地"醒来"，周围开始出现气体云和尘埃云，有时还会延展出一条会反光的长尾巴，可长达几百万千米。即便如此，大多数的彗星仍然太小、太暗，离地球也太远，我们不用望远镜就看不见。不过，偶尔会有彗星变得足够明亮，我们仅凭肉眼就能在夜空中看到，那就像一颗特别的星星，它带着云雾般的美丽彗尾，横陈在群星之间。

彗尾流束
彗星尾巴内部的物质会移动和变化，在不同的夜晚展现出差异。

彗核
它是一块布满尘土的大冰块，表面还可能有陨石坑、裂缝和被冻在一起的石块。

气体彗尾
它是一种炽热的气体束，被太阳的辐射从彗核"吹"离出来。

彗发
它是巨大的尘埃云和气体云，出现在彗核的周围。

尘埃彗尾
它是彗星在绕太阳运行时拖出的一条弯曲的尘埃流。

寻找"慧星"

下面列举了一些曾经离地球很近的彗星。你能在一大片字母中找到这些名字吗？

WEST（韦斯特）、HALLEY（哈雷）、MCNAUGHT（麦克诺特）、HALE BOPP（海尔-波普）、NEOWISE（新智）

```
A C D N Z T O N M W X O C G
H J B U E I F D L L O W C H
G W E S T O X U E H P R L G
S X S Q K X W D I A L O P F
V B T H Y F G I T C L T C B
J H D U J H J H S O V L S A
Y L G G H K A X E V B T G
K Q I K C P O L C H E O H W
D V U F J J H L V K T Y G Z
K S K M F K M E S U O X U Y
P J W D N H D Y I R E N A D
O A H B I A J L K P H O N B
H A L E B O P P U I O X C M
F X G J G Q N J B N L H M F
```

试一试！

彗星会发出声音吗？
请跟朋友讨论一下，你觉得这些"脏雪球"会在宇宙空间中发出声音吗？

是的 太空中很吵
不是 太空中很安静

流星和陨石

在晴朗的夜里，如果你足够幸运，在恰当的时刻正好看着恰当的方向，就可能看到一道闪光划过天空，而且速度比飞机快得多——这种天象就是流星。大多数流星光芒微弱，而且飞得很快，所以只能从视野的角落里偶然瞥见，但也有些流星移动速度偏慢，而且亮度可以比肩夜空中最明亮的那些星星。还有一种"火流星"也叫"火球"（fireball），它的亮度甚至可以把地上的人照出影子，另外有些流星还会带有非常醒目的红色或蓝色！

虽然"流星"这个名字带着"星"字，但流星其实并不是划过天空的星星——事实上，它们跟真正的星星没有任何关系：它们只是太空中的一些碎片或尘埃，在冲进地球的大气层后燃烧发光而已。大多数流星都源于从彗星上飘出来的细小物质。很多人喜欢把流星叫作陨石，其实这两个概念之间有着很明显的区别：陨石是指从太空坠落到地球上之后，可以从地面找到的石头（译者注：大部分陨石是金属质的，只有少部分是石质的），而流星则是指在夜空中发出一道亮光的现象。在每年中的某些夜晚，我们能看到的流星比平时更多，因为地球会在那几天穿过一股太空尘埃流，这种现象就是流星雨。

译者注：每小时流星数仅为历年平均值，而且仅限于极为理想的观测环境中，并且不考虑人的视野局限。实际观看到的流星数量通常都会打折扣，但也不排除某些流星雨的流量在某一年意外大增。

去看一场流星雨吧！

4月	8月	10月	10月	11月	12月
天琴座流星雨	英仙座流星雨	天龙座流星雨	猎户座流星雨	狮子座流星雨	双子座流星雨
每小时流星数	每小时流星数	每小时流星数	每小时流星数	每小时流星数	每小时流星数
20	150	10	15	15	120

狮子座流星雨 英仙座流星雨 猎户座流星雨 双子座流星雨 天琴座流星雨 天龙座流星雨

撒切尔彗星
它绕太阳运行一圈大约需要415年。

贾科比尼-津纳彗星
1985年，一个探测器在飞行中穿过了它的彗尾。

斯威夫特-塔特尔彗星
它每133年就绕太阳运行一圈。

哈雷彗星
它最近一次回到地球附近是1986年，下次将在2061年。

法厄松小行星
它是一颗岩质的小行星，而非一颗冰质的彗星。

坦普尔-塔特尔彗星
它释放出的尘埃流，最浓时可以产生每小时数千颗流星的"流星暴雨"。

月球：
我们最亲近的伙伴

月球是地球在宇宙中最近的邻居。随着它围绕地球运转，我们可以看到它的盈亏变化，它在天空中的形状从一个细细的月牙逐渐变成满月，然后又变回来。这些不同的形状称为"月相"。其实，月球本身的形状并没有改变，我们只是在它绕地球运行的过程中，看到了它被太阳照亮的半边中的一部分，有时看到得多，有时看到得少。有时我们看到的这半边正好未被太阳照亮——我们把这个壮观的阶段称为"朔"。观察月亮在一个月中如何改变形状，是十分有趣的：如果画出它的不同阶段，就能看出从新月到满月再回到新月需要多长的时间，当然这需要有足够多的、连续的晴夜，以便我们进行详细的观察和记录。

月球上布满了环形山、蜿蜒曲折的山脉和深谷，而且也有被称为"海"的地——但不是像地球上那样的海洋，而是数十亿年前流过月球的熔岩冷却后留下的巨大平原，它像黑色的混凝土一样稳固。这些月海还有非常迷人的名字，比如"静海"和"风暴洋"。

月球也是太阳系中除地球外唯一曾有人行走过的天体：1969年，阿姆斯特朗和奥尔德林在执行"阿波罗11号"任务时，驾驶"鹰号"登月舱在"静海"着陆。

环形山
月球上布满了环形山，其中大多数的历史都超过40亿年。这种地貌是彗星、小行星等撞上月球之后留下的。

月海
月海是熔岩冷却后形成的巨大平原，这些熔岩填满了月球上最大的一类陨石坑——撞击盆地。

重要数据

质量：
约为地球的0.012倍

绕日周期：
约为地球上的27.3天

自转周期：
约364.25天，跟地球非常接近

直径：
约为地球的四分之一，或者说跟澳大利亚差不多

温度：
最高126摄氏度，最低零下173摄氏度

高地

颜色暗沉的月海被认为是月球上最年轻的地形，而明亮的高地则被认为是最古老的地形——因为它们的历史更久，才有更多的环形山。

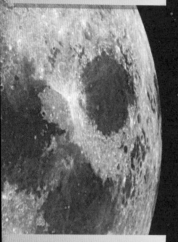

月球诞生记

大冲撞

大约44亿年前，有一颗直径与火星相当的星球，撞向了诞生不久的地球。

辐射纹

当有小行星撞击月球时，就会形成一个环形山，同时也会向空中迸溅出许多碎片，这些碎片落回月球表面后，就形成了辐射纹。这种特征在那些"年轻"的环形山周围最明显。

巨大爆炸

撞击的力道太猛，把部分地壳和地幔都从地球上撕了出来；而这位"不速之客"已完全毁灭，与地球合并了。

熔化的废墟

被抛入太空的地球碎片，在地球周围形成了一道熔岩之环。

地球的新伙伴

这道环上的岩石在彼此碰撞中逐渐黏合在一起。当它们全部汇合之后，就化身为一颗绕着地球运行的新星球，也就是月球。

月相

朔　新月　上弦月　盈凸月　满月　亏凸月　下弦月　残月　朔

试一试！

制作月相演示器

需要准备的材料

- 长方形的纸板箱
- 尺子和小刀
- 铅笔和黑色记号笔
- 泡沫塑料球
- 大号的回形针
- 线
- 台灯或手电筒
- 胶带
- 没有灯光的暗室

当心！

使用小刀的时候要特别小心。请确保在遇到困难时有成年人可以帮你。

步骤

1 在纸板箱较短一侧的中间画一个小正方形（要比你的泡沫塑料球小一点），然后把它剪下来。小心受伤！请找个成年人来协助你。

2 用记号笔在这个正方形洞上方写上"满月"。这是你要放灯的地方。

3 在纸板箱另一个短边的中间再切一个同样大小的正方形，但只切掉三面，留下底部不切，这样你就可以像门一样打开和关闭它。

4 在第二个正方形上方写上"新月"。

5 在纸板箱较长的一边中间再剪一个正方形门，在上方写上"上弦月"。

6 在纸板箱另一边较长的那一边中间再做一个正方形的门，在上方写着"下弦月"。

7 把回形针插入泡沫塑料球的四分之三处，然后用绳子穿过回形针。

8 用铅笔在纸板箱的顶部戳一个小洞，把泡沫塑料球放进纸板箱里，用绳子穿过纸板箱顶部的洞。

9 把你的灯放在离"满月"洞大约10厘米的地方，保证光线可以穿过正方形洞照入盒子——这就是你的太阳！

10 打开你的"太阳"灯，关掉房间里其他的灯，让房间变得黑暗，然后把你的眼睛靠近纸板箱另一侧的开口，拿着连接在泡沫塑料球上的绳子。

11 确保纸板箱长边的所有"门"都关闭了，然后调整绳子，直到泡沫塑料球正好挡住灯的光线。

12 用胶带固定泡沫塑料球。

13 透过"新月"门观察泡沫塑料球，画出你看到的东西。

14 合上"新月"门，打开"上弦月"门，再次画出你透过它看到的东西。

15 在合上"上弦月"的门后，通过"满月"洞快速地看，小心不要让强光伤害你的眼睛。画出你看到的。

16 最后，打开"下弦月"门，画出你看到的东西。

月球地图

如果你飞向月球，你会看到它被称为环形山的圆形洼地所覆盖。数百万年前，巨大的岩石从太空撞击到月球上，碎片向四面八方飞去，它们被炸出了月球。当你脱离轨道时，你会看到月球山脉和黑暗的海洋越来越大，越来越近，直到你最终着陆。月球表面覆盖着细小的灰色尘土，当你走动的时候，你的鞋子会把它们像云雾一样扬起来。你会看到到处都是岩石，在地平线上，你会看到小山被数百万年间累积的微小陨石撞击磨平了。因为月球没有大气层，所以它的天空总是黑色的。在白天，明亮的太阳会掩盖其他恒星的光芒，但你可以看到像是一个蓝白相间的小球的地球。夜晚，天空布满了星星，比我们在地球上看到的还要多。

亚平宁山脉

这条山脉在月球表面蜿蜒超过595千米，最高峰有数千米高。

柏拉图环形山

这座环形山直径超过95千米，其环内区域的颜色很暗、地势很平坦。

雨海

这是一片直径超过1000千米的、古老的熔岩平原。尽管叫"雨海"，但从没下过雨。

阿利斯塔克环形山

这座环形山的直径只有40千米，但它是月球上最年轻、最明亮的环形山。

风暴洋

它的直径可能不止2500千米，也没有什么风暴，这里的天气一成不变。

开普勒环形山

这座环形山比较年轻，它周围有许多明亮的辐射纹。这些划过月面的纹路都是在这座环形山被砸出来时形成的。

澄海
它是一片圆形的暗色平原，有人把月面花纹看作一张人脸，它是其中一只眼睛。

危海
这是一片被凝固的熔岩淹没了的平原，像个黑色的圆斑，在地球上很容易用肉眼辨认出来。

找不同

下面6张照片中有两张不是在月球上拍摄的，你能找出来吗？

静海
1969年，"阿波罗11号"任务让尼尔·阿姆斯特朗和巴兹·奥尔德林驾驶"鹰号"登月舱在这里登陆月球。

酒海
英文名字的意思是"蜜海"，但很不幸，这片阴暗、多尘的平原上不可能有"月球蜂"嗡嗡叫着采蜜。

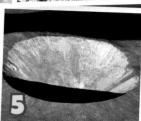

哥白尼环形山
这座巨大的环形山被称为"月球之王"，它的直径超过90千米！

第谷环形山
满月时，我们仅用肉眼就能很清楚地看到这座环形山周围的辐射纹。

答案：3、6。

火星：红色的行星

火星也被称作"红色的行星"，因为它已经彻底"锈"掉了！它的红色来自氧化铁粉末，这种物质几乎覆盖了这颗星球的整个表面。我们知道，铁生锈需要氧气和水的存在，虽然如今的火星表面是沙漠，且像冰封一样寒冷，不乏巨大的碎石和环形山，但在数十亿年前，它的气候要比今天更温暖、更潮湿。我们观察到它有古老的河道、湖盆和海岸线痕迹，由此推测那里曾经有活动的水体。我们还在火星的岩石中发现了一些特殊的矿物质，如果没有与水发生过作用，这些物质不可能出现。或许，远古的火星一度很像今天的地球，有过海洋、河流，也有过蓝天，甚至可能会下雨。不过，现在火星上的水只存在于它的两极地区或埋在它的地下了，而且均已呈固态。至于火星的大气，主要是二氧化碳。

许多国家的航天机构都用探测器研究过火星。其中一些探测器绕着火星飞行，拍摄了那里的火山、峡谷和冰盖，还有一些直接降落到火星上，还可以派出小车型机器人四处漫游，以便探索。1997年，一辆名为"旅居者号"的火星车测试了这种技术，它只有微波炉那么大。到2004年，"勇气号"和"机遇号"两部火星车相继来到这颗星球，它们的大小和高尔夫球场上的代步车差不多，这两辆火星车都试图寻找古代火星上存在过水源的证据。

塔尔西斯山脉
它由3座火山组成，分别被命名为阿尔西亚山（高19.95千米）、孔雀山（高13.83千米）和阿斯克劳山（高17.86千米）。

重要数据

卫星数：2

质量：约为地球的0.1倍

直径：约为地球的一半，没有海洋，而陆地风貌也如地球多变

公转周期：地球上的1.8年

自转周期：相当于地球上的24小时37分，也就是说"火星日"仅比"地球日"稍长一点儿

温度：平均为零下63摄氏度，算是相当冷了，但最冷时可以低至零下138摄氏度

所属类型：岩质内行星

奥林波斯山
它是一座死火山，也是整个太阳系内最高的山，海拔超过20.9千米，这个高度已经突破了火星大气层的顶端！

看看你是哪种火星飞船？

你愿意绕着火星一圈圈地飞吗？

你要给火星表面绘图吗？ — 是 | 否 — 你有车轮吗？

是 | 否

你配备有高精度相机吗？

否 | 是

你是"火星奥德赛号"，带有热成像的相机，以便寻找水和冰存在的迹象，研究火星的地质。

你是"火星勘测轨道器"，带有"高分辨率成像科学实验"设备，可以对火星表面所有大于1米的特征成像。

你是"火星大气与挥发物演化探测器"的设备，绕着火星飞行，监控其大气物质向太空流失的情况。

你要在火星表面寻找生命吗？

否 | 是

你是"洞察号"，降落在火星表面，使用地震仪、大地测量设备和热传导设备，探查火星的内部情况。

你是"海盗号"，一个在20世纪70年代奔赴火星的探测器，任务是研究火星的地质和环境，并寻找生命存在的痕迹。

你更喜欢哪种着陆方式？

气囊着陆方式 | 反推火箭和天空吊车方式

你要寻找水吗？

否 | 是

你要寻找火星表面的生命吗？

否 | 是

你是"旅居者号"，于1997年着陆在火星上，是历史上第一辆火星车。

你是"火星探测漫游者"系列探测器之一（"机遇号"或"勇气号"），你的主要任务是搜寻火星曾经有水存在过的证据。

你是"好奇号"，任务是考察火星上的一座巨大环形山——盖尔，因为它在过去曾经有液态水，有过宜居的环境。

你是"毅力号"，是美国国家航空航天局研发的最新款火星车，旨在寻找火星古代生命的迹象，并收集岩石样本，供未来的探测器将其带回地球。

水手号峡谷群

水手号峡谷群是一个由众多峡谷组成的巨大系统，总长约4000千米，深度超过6400米，规模远超美国亚利桑那州的大峡谷（只有445千米长，1930米深）。

奥林波斯山

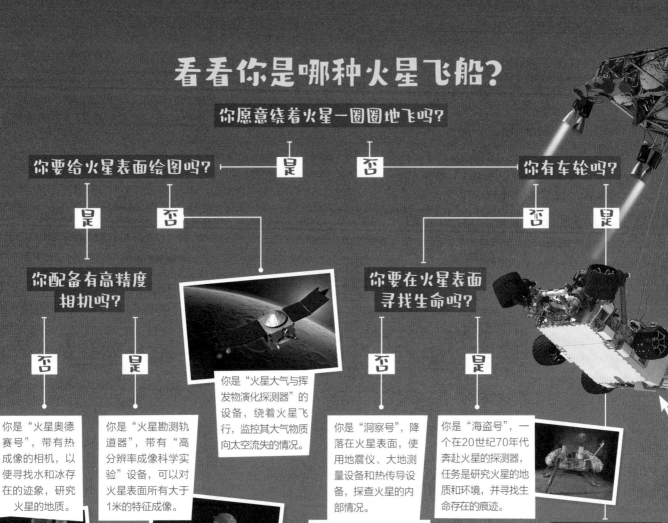

火星必看美景

　　火星可能很小（直径只有地球的一半），但却是一颗有着巨大地标的行星！它拥有整个太阳系中最令人难忘的地貌，其中的火山、峡谷的规模，足以让地球上的同类地貌相形见绌。如果乘坐太空船飞临火星，就会看到这里布满了环形山，其中有些直径可达数千千米，许多环形山的内部还有蜿蜒曲折的山脉。这颗星球的两极都被冰层覆盖，形成明亮的冰冠，在阳光下闪着蓝光和白光；其他的大片区域则布满了被风吹出来的、十分细腻的黑色沙丘。如果绕着火星飞行，就可以俯瞰它表面上的许多巨大的火山，其中"奥林波斯山"是整个太阳系内最大的火山。不过，火星上最让人印象深刻的地貌还是水手号峡谷群，这条峡谷沿着火星的赤道展开，地球上著名的"美国大峡谷"跟它比起来，小得像人行道上的一条裂缝。水手号峡谷群大到什么程度呢？当它的一头是夜晚的时候，另一头可能还是白昼。火星有两颗卫星，也就是火卫一和火卫二，但这两颗卫星比月球小很多，天文学家认为它们曾是小行星，只是在一次飞掠火星时被火星的引力俘获了。如果我们站在火星上，就能看到这两个"月亮"在天空中移动，它们有时还会从太阳前面经过，造成火星上的日食，这种景象很像地球上的日食，想一想，那还真是一件令人着迷的事啊。

火卫一（福博斯）
它是火星的两颗卫星中较大的一颗，宽22千米，表面满是环形山，绕火星运行一圈的时间还不到8小时。

希腊盆地
它位于火星的南半球，直径超过2300千米，位居太阳系中最大的环形山之列。

尘卷风
这种小型的尘埃云形状像个漏斗，它如同小型龙卷风一样旋转着在火星表面移动，顶端可以到达近8千米的高空。

水手号峡谷群
该巨大的峡谷群沿着火星的赤道伸展，长度约为火星周长的1/5。

孔雀山
这是一座大型的死火山，它离奥林波斯山不远，山顶的喷发口形状几乎是个完美的圆。

奥林波斯山
假如把这座山从火星上搬到地球上，则它的面积足以覆盖法国的大部分地区，而高度几乎达到了珠穆朗玛峰的3倍！

火卫二（德莫斯）
它是火星卫星中较小的那颗，只有约12千米宽，绕火星运行一周需要30多个小时。从火星表面看，它显得很小。

火星人填字游戏

横向

1. 太阳系中的一种地貌，其中最大的一些在火星上。
2. 一种覆盖着火星两极的特征。
3. 一种能在火星表面行走、探测和拍照的机器人。
4. 火星卫星中较小的那颗。
5. 在这颗红色行星球的岩石表面发现的细颗粒。
6. 火星上的轻风把尘土吹成的漂亮的形状。
7. 一类在高空对火星进行研究的航天器。
8. 一颗恒星，在火星上看起来比在地球上看要小。
9. 一种狂暴的事件，每隔几年就会袭扰整个火星。

纵向

1. 位于一些环形山内部的连续山峰，呈锯齿形。
3. 火星卫星中较大的那颗。
4. 一种会让人窒息的气体，它是火星表面空气的主要成分。
5. 一种高高的柱状云雾，会在火星表面旋转着移动。

答案：横向：1.VOLCANOES（火山）；2.ICE CAPS（冰盖）；3.ROVERS（火星车）；4.DEIMOS（得摩斯）；5.SOIL（土壤）；6.DUNES（沙丘）；7.ORBITERS（轨道）；8.SUN（太阳）；9.DUST STORMS（沙尘暴）。纵向：1.MOUNTAINS（山脉）；3.PHOBOS（福博斯）；4.CARBON DIOXIDE（二氧化碳）；5.DUST DEVILS（尘卷风）。

火星脑筋急转弯

下面这些关于"红色行星"的问题，你能多快答完？

小测验

关于火星，你知道多少？

火星有几颗天然卫星？
A. 1颗
B. 2颗
C. 3颗

与火星相比离太阳更近的行星有几颗？
A. 4颗
B. 3颗
C. 6颗

火星的昵称是？
A. 绿色行星
B. 蓝色行星
C. 红色行星

火星上最高的山是？
A. 奥林波斯山
B. 喜马拉雅山
C. 富士山

共有几枚"海盗号"探测器曾降落到火星表面？
A. 4枚
B. 2枚
C. 0枚

可以在火星表面巡游的机器人又叫什么？
A. 火星车
B. 火星船

答案：B；B；C；A；B；A。

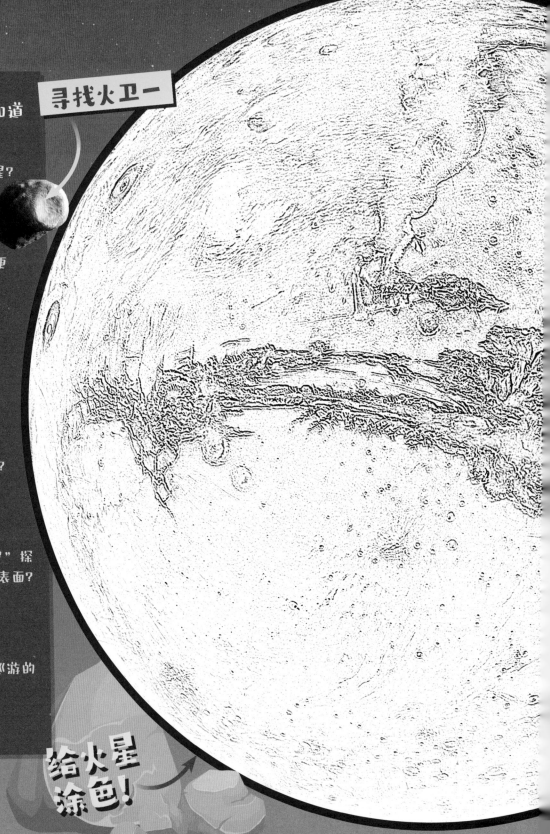

寻找火卫一

给火星涂色！

单词重排

请调整这些单词的字母顺序,把拼写改对。

1. COOL VAN

2. RSAM

3. CEI

4. SKROC

5. HASP METEOR

正确拼写:1.VOLCANO(火山);2.MARS(火星);3.ICE(冰);
4.ROCKS(岩石);5.ATMOSPHERE(大气层)。

拼图游戏

这些碎片可以拼在一起,拼成火星上一个著名特征的照片。请按示例图,给每个碎片标上正确的编号。

1	2	3	4
5	6	7	8
9	10	11	12

单词大转轮

请给自己计时,看看你能利用这个单词大转轮中的字母拼出多少单词。这些词必须与火星、火星的卫星或火星的特征有关!

I R C L S P H S K N D M V T E O A

我们正在离开内太阳系

我们已经游览了"内太阳系"！你感觉如何？太阳系的这个部分就像我们在浩瀚宇宙中的"后花园"，现在我们已经穿越了它，知道了它的迷人之处，还了解了属于"内太阳系"的好几颗值得探索的神奇行星。与"外太阳系"相比，你会发现内太阳系的各颗行星的卫星较少——4颗行星总共只拥有3颗卫星，其中两颗行星完全没有卫星！在这段观光旅途中，我们看到了满是环形山的水星以疯狂的速度绕着太阳运转，看到金星表面的岩石在致命的高温下发出光亮；我们登上了火星表面低温的、橙黄色的广阔沙地，俯瞰了这颗行星上的巨大峡谷群，看到它的两个"月亮"在日落后掠过夜空；而这里最美丽的星球无疑是地球，它到处都是生命。在水星、金星和火星上，都没有像地球上这样的河流、海洋或雨水。与我们所住的这颗蓝绿相间的宝贵星球相比，另外的岩质行星要么是炎热的荒漠；要么是寒冷的荒漠。还有太阳，它让其他一切都显得渺小。这颗恒星是如此庞大，可以容纳一百多万个地球，它的热度高到即使它离我们远达1亿5000万千米，依旧可以让地球上的我们在户外活动时感到可以灼伤皮肤的热度。

你已经学到了什么？

请将下一页上的词填进下列句子之中，把它们补充完整。

❶ 太阳表面有发暗的＿＿＿＿，它们其实是太阳磁场的"＿＿＿＿"。

❷ 水星是离＿＿＿最＿＿＿的行星。

❸ 金星的云层是＿＿＿＿，那里降下的雨水主要成分是＿＿＿。

❹ 金星在黎明或黄昏出现时，也叫＿＿＿或＿＿＿。

❺ 地球是唯一拥有＿＿＿和液态＿＿＿的行星。

❻ 登月航天员＿＿＿＿降落在月面的＿＿＿地区。

❼ 月球表面有很多＿＿＿和＿＿＿。

❽ 火星有＿＿＿颗卫星，叫作＿＿＿和＿＿＿。

❾ 火星上最大的＿＿＿＿叫＿＿＿＿＿＿。

❿ 火星表面有一个巨大的＿＿＿＿，名叫＿＿＿＿。

峡谷群

静海

福博斯

水手

黑子

生命

阿姆斯特朗

备选词库

水

奥林波斯

近

有毒的

两

风暴

德莫斯

酸

太阳

峡谷

启明星

山脉

山

长庚星

环形山

火山

小行星带：
太阳系的残余物

　　围绕着太阳运行的不仅有行星和卫星，还有很多岩石和尘埃，它们同样是太阳系的组成部分。如今我们已经知道，光是可以被称为"小行星"的岩石和金属块就有成千上万颗，它们就像微型的行星，以太阳为中心，实现自己的公转。这些小行星是40多亿年前行星及其卫星形成后留下的碎片，天文学家已经见证了它们到处飞舞的运动轨迹。在多岩石的红色行星——火星，以及气态巨行星——木星之间的大片区域，聚集着太阳系中的大多数小行星，这就是我们所说的"小行星带"。在科幻电影中，小行星带看上去是一个充满危险、特别刺激的区域：它似乎总是十分拥挤，许多巨大的岩块转着圈儿群集在一起，当航天员以惊人的速度穿过它们之间的缝隙时，它们还会相互碰撞。然而，就实际情况来说，小行星之间的距离特别远，假如你站在其中一颗上，你根本就看不见其他小行星，因为即使是最近的那颗小行星也远在千里之外。

小行星共有多少？
人类目前尚不清楚小行星带里到底有多少颗小行星，但肯定不少于几百万颗。

小行星的卫星
有些小行星的周围还有更小的星体围着它转，仿佛微型月亮。

奇形怪状
有些小行星的外形轮廓会让人想起花生或烤土豆。人们甚至已经发现一颗很像人类头骨的小行星！

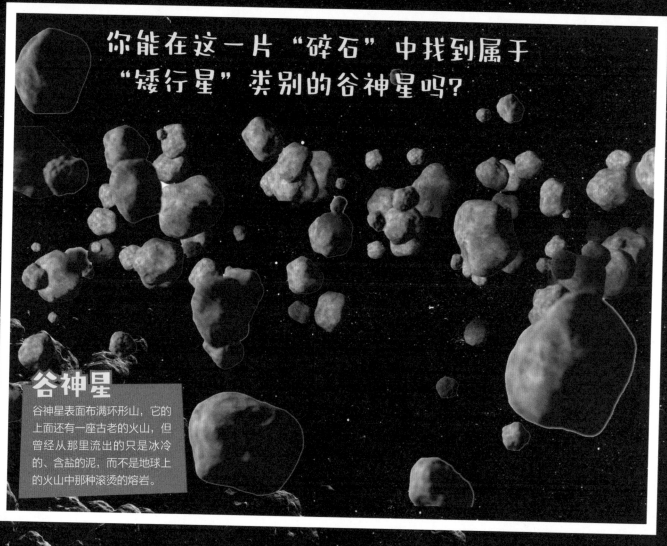

你能在这一片"碎石"中找到属于
"矮行星"类别的谷神星吗?

谷神星

谷神星表面布满环形山，它的
上面还有一座古老的火山，但
曾经从那里流出的只是冰冷
的、含盐的泥，而不是地球上
的火山中那种滚烫的熔岩。

恐龙杀手!

科学家认为，6500万年
前的恐龙全体灭绝事件，
就是一颗小行星撞击了
地球导致的。

欢迎来到外太阳系

现在，我们到了"外太阳系"！你可以收起太阳镜和防晒霜了，因为太阳已经离得足够远了。现在回望地球，你会发现它只是一片黑暗中的一个冰蓝色的亮点。现在，周围的温度比我们探索水星、金星、地球和火星时要低得多，光线也暗了不少，因为我们与太阳的距离大大增加了。外太阳系的行星移动速度也明显慢了，它们绕太阳转一圈要花上几十年甚至几百年，因为太阳对它们的引力要比对内太阳系行星的弱不少。而且，这里的行星的成分也与太阳附近的行星截然不同：巨大的木星和土星是由多种奇怪的气体组成的，而天王星和海王星的主要成分是一些冻结成"冰"的物质，这些物质在地球上常以液态或气态存在；与之相比，内太阳系的几颗行星材质都是在地球上也是固态的岩石和金属。不过，外太阳系的行星们卫星很多，其中一些卫星的迷人程度不亚于它们所环绕的行星——这些卫星的表面也有山谷、山脉，甚至湖泊！除此之外，我们还可以在外太阳系看到许多身材较小的"矮行星"，以及拖着会发光的漂亮尾巴的冰质彗星。至于太阳系的边缘，其实并没有一个明确的界线。迄今在太阳系里发现的距离太阳最远的天体被命名为"Farfarout"，意思是"特别特别远"，它的直径约400千米，距离太阳远到需要798年才能绕太阳公转一圈！当然，不少天文学家认为，说不定有其他的大行星藏在太阳系更外层的黑漆漆的宇宙中，等待将来的人去发现。

这些行星分别叫什么？

请把这些字母顺序颠倒的单词整理好，变成我们接下来要访问的行星们的名字。

ATSRUN

EPITRUJ

NAURUS

NUNPEET

答案：SATURN（土星）；JUPITER（木星）；URANUS（天王星）；NEPTUNE（海王星）。

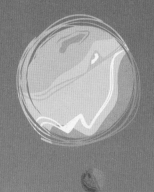

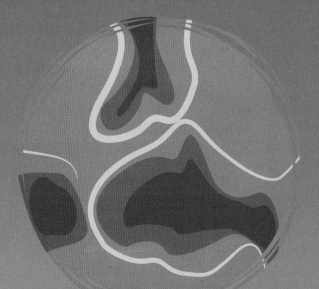

来涂色吧！

这是我们接下来会看见的一个特别著名的风暴景观，请给它涂色。在后文中请一定要注意它发生在哪颗行星上，以及你涂色时选的深色区域是否符合实际情况？

木星：行星中的巨人

此前，我们访问的所有行星都是由岩石构成的，一旦到达它们的表面是可以在上面蹦跳的。但木星跟那些"内行星"可不太一样；它不仅更大，而且几乎由一种被称为"氢"的气体组成，所以，我们把像木星和土星这类的行星称为"气态巨行星"。木星比地球大了太多，它的直径约14万千米，是地球的11倍，假设木星是个空壳，它可以装下多达1321个地球！当我们观察木星时，看到的并不是那种拥有平原和山脉的固体表面，而是它大气层中的云层顶部。它的大气分化成了许多棕色、橙色、黄色的云带，五颜六色的巨大风暴在其中咆哮着旋转。木星上规模最大的风暴被称为"大红斑"，大红斑比地球还大，而且现在的大红斑已经是"缩小版"的了，过去更大！在19世纪，大红斑的直径约为4万千米，是地球的3倍多，从那时起它逐渐缩小，也失去了一些颜色，但仍然大得很。不过，跟地球上的飓风相比，大红斑里并不下雨，可它的风极强，时速约430千米。至于木星的卫星，目前已经发现了至少79颗，它们中的大多数直径只有十几千米，但大的直径也可达到数千千米，其中最大的是木卫三（盖尼米德），这颗冰封的卫星直径5262千米，比水星都大。

云带
我们在观察木星时，看到的是它的云层顶端，它由一些较暗的带和一些较亮的带交错组成。

磁场
木星的磁场之强，在整个太阳系中可排第二名，第一名是太阳。

重要数据

卫星数：79
质量：约为地球的318倍
直径：约为地球的11倍
绕日周期：约为地球上的12年
自转周期：大约10小时
温度：零下147摄氏度
光环：4个，很细很暗
所属类型：气态巨行星

氢是什么？
氢是一种非常简单的基本气体元素，也是宇宙中最普通的气体元素，无处不在！恒星，还有像木星这类的气态巨行星的大气层，都含有大量的氢。

木星的卫星
木星的卫星中4颗最大的分别是木卫一"伊奥"、木卫二"欧罗巴"、木卫三"盖尼米德"和木卫四"卡里斯托"，它们4个也叫"伽利略卫星"，用来纪念著名的天文学家伽利略——他用自制的一架很原始的望远镜发现了这4颗卫星。虽然是卫星，但这4颗星都大过冥王星。

木卫一（伊奥）
这是一颗有火山活动的卫星，它表面的每寸土地都被熔岩覆盖着。它的火山喷发规模相当大，以至于从探测器上都能看到羽毛状的火山喷发物被翻腾到太空之中。

木卫二（欧罗巴）
这是一颗冰冷的卫星，在表面厚重的冰层之下，有一片液态海洋。科学家认为，这片海里有可能存在生命。

木卫三（盖尼米德）
它是太阳系的所有卫星里最大的，体量甚至超过了水星。它表面的冰层下也有一片海洋。

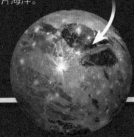

"金属氢"

氢气在通常状况下是不导电的，属于绝缘体，然而木星内部的压力和温度都太高了，高到迫使氢改变了性质，成了导体。我们称这种导电形式的氢为"金属氢"。

深入木星上的巨型风暴内部！

木星有固态核心吗？

木星的深处是否藏有一个岩质的内核？科学家认为这是有可能的，而且光是这个核心的重量就可能为地球全重的10倍以上。

大红斑

它是一场已经连续刮了超过300年的超大型风暴。

小测验

以下哪颗星是木星的卫星中最大的？

A. 欧罗巴

B. 盖尼米德

C. 泰坦

假如木星是中空的，其中可以装下多少个地球？

A. 515

B. 1321

C. 3681

大红斑是什么？

A. 风暴

B. 环形山

C. 丘疹

木星最主要的成分是什么？

A. 二氧化碳

B. 水

C. 氢

太阳系中最大的行星是哪颗？

A. 地球

B. 木星

C. 土星

木卫四（卡里斯托）

它又是一颗低温的卫星，表面有一个巨大的因撞击而形成的盆地"瓦哈拉"，直径超过2500千米。

试一试！

地球和木星都是行星，但地球很小，有很多岩石，还有海洋、陆地和生命，而木星很大，是由气体组成的。请和你的同学讨论，地球和木星有什么共同之处？与彗星、月亮或恒星等天体相比，你认为"行星"的定义是什么？

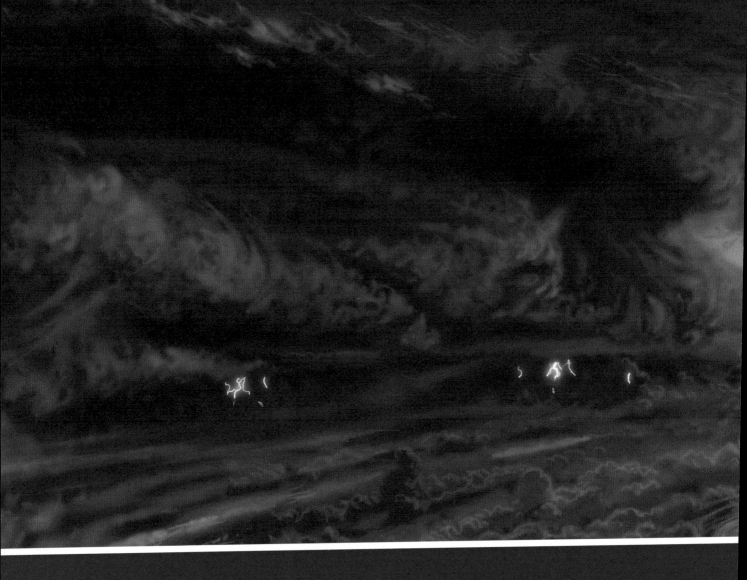

惊人的木星大气层

在太空探测器造访木星之前，有人认为木星的云层中生活着一些巨大的外星生物，它们的样子看起来可能像气球或水母，会吃掉较小的生物，就像海里的鲨鱼吃别的鱼那样。现在我们已经知道，根本没有这种生物，但木星的大气层含有许多种不同的气体，比地球的大气层更加厚重，也更加动荡不安。那里有狂暴的风暴和剧烈变动的天气现象，风力也比地球上强得多。

在这颗气态巨行星上，风把大气层分解成了许多颜色不同的云带，我们通过望远镜或探测器拍摄的照片可以看到这些云带。如果仔细观察，还会发现云带内部含有很多圆形或椭圆形的云团，它们色彩斑斓，在被推挤着穿过云带时，会疯狂地旋转。假如我们飞进木星的大气层，穿过不同高度的云层向下降落，就可以感受到强风的冲击力。在某些高度层，气体非常稀薄，能见度非常好，可以看到很远的地方；但在另一些高度层，可能什么也看不见。接下来，我们就会感到来自周围全部气体的压力，觉得自己快要被压扁了，随后我们会掉进由液态氢构成的海洋里。若在这片海洋里继续下沉，压力最终会变得极大。这颗气态巨行星的中心可能有一个像地球一样大的固体核，但在抵达这个星核之前，我们就会像一个没装东西的书包那样被压得扁扁的。

关于木星，你需要知道的

木星的英文名字"朱庇特"（Jupiter）在两千年前就已经在使用了。

木星也拥有自己的极光现象。

有火山活动的木卫一"伊奥"也被称为"比萨饼卫星"。

木卫二"欧罗巴"冰面之下的海洋中可能存在生命。

伽利略早在1610年就发现了木星最大的4颗卫星。

记忆这些知识点，3分钟后合上书，把它们写出来。

看看你能记住多少？

3

木星脑筋急转弯

请你当侦探

你能在第58页与第59页的图中找到
下面所列的这些事物吗?

一种木星拥
有79个的东西

一部曾经飞掠
木星的机器

你能找到一个
巨大的风暴吗?

包覆着木卫一
表面的东西

发现了木星4颗
最大的卫星的科学家

单词搜搜搜

你能从这里找出以下全部单词吗?

JUPITER（木星）, ATMOSPHERE（大气层）, MOONS（卫星）,
ICE（冰）, GIANT（巨行星）, GANYMEDE（盖尼米德, 木卫三）,
RINGS（行星环）, VOLCANOES（火山）, STORMS（风暴）,
IO（伊奥, 木卫一）

```
W A D R V D G I A N T B F G
V J O I P M F T U H R Z P A
F E H N Q R I N G S U O K N
Y R N V D Y C J A B F U X Y
M C E O R Q E M S D F G Q M
O R Z L V B M U E P J O T E
O X M C T R G F L O O P E D
N T Y A X J B A S R G M U E
S E G N J U U W G H R J M N
E W F O V G T P E Y J K M L
A T H E X F R O I G E R A H
A Y M G S E T D E S T O R M S
A Y M G S E T D E S T O R M S
W A X Y Q B Y R M A E O P T
M R N A T M O S P H E R E V
```

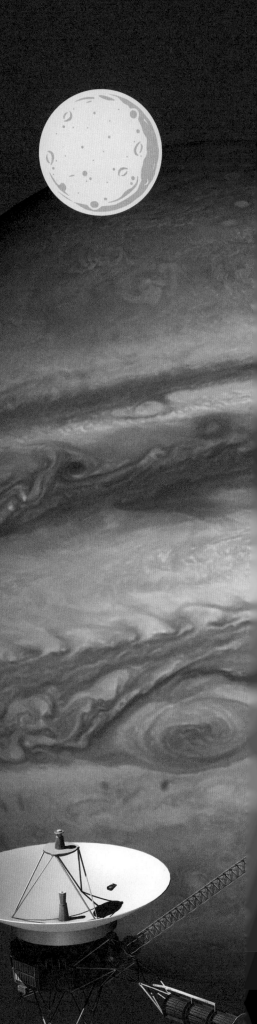

木星版数独游戏！

请在每个空方格中填进数字1到6中的一个。记住，每行、每列和每个正方形中，每个数字都只能出现一次！表格中已经填好了一些数字。

2		5	3		4
	6			2	
1					2
5					1
	5			1	
6		1	2		3

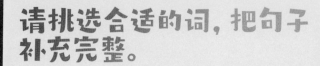

请挑选合适的词，把句子补充完整。

木星的卫星 "_____" 表面到处是_____。

| 火山 | 伊奥 | 欧罗巴 |

"大_____斑" 是木星的大气层中一个巨大的_____。

| 风暴 | 蓝 | 红 |

木星被归类为_____行星。

| 矮 | 巨 | 气态 |

木星的直径是地球的_____倍。

| 14 | 10 | 11 |

木星的卫星 "_____" 也被称为 "_____卫星"。

| 欧罗巴 | 比萨饼 | 伊奥 |

木星的卫星中最大的是_____。

| 卡里斯托 | 米玛斯 | 盖尼米德 |

木星的_____层包含了大量的_____气。

| 壳 | 氢 | 大气 |

天文学家_____在1610年发现了木星最大的4颗卫星。

| 哥白尼 | 开普勒 | 伽利略 |

木星拥有一套_____且暗弱的_____系统。

| 光环 | 粗 | 细 |

木星是太阳系中最_____的行星。

| 小 | 大 | 热 |

木卫连连看

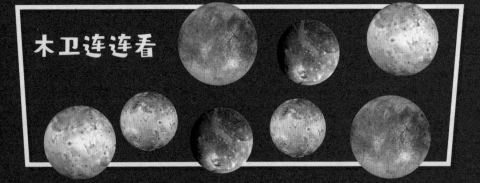

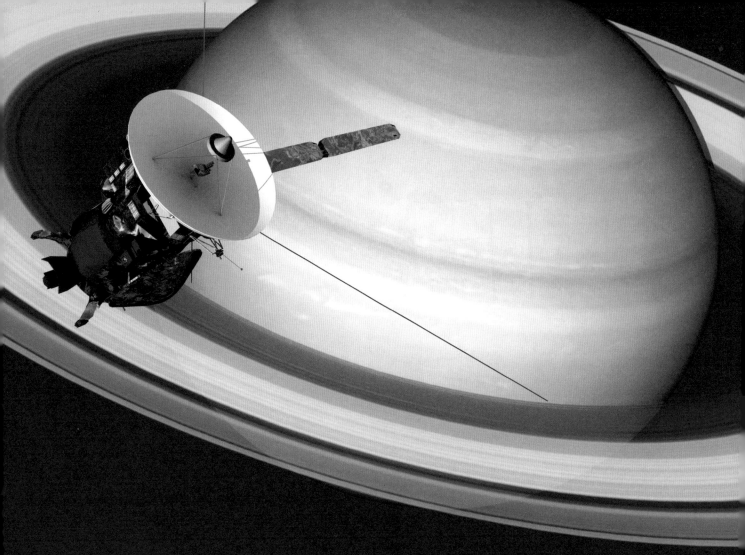

土星：
因光环而著名

　　土星是太阳系第二大的行星。它和木星一样，也属于气态巨行星，但它的直径和质量都比木星小。土星的自转非常快，导致它的两极有向内变扁的趋势，让整颗星球的轮廓看上去更像椭圆形，而非圆形。土星也叫"光环行星"，因为它被一个特别出名的、超级壮观的光环系统围绕着，这些光环其实是由无数的冰块和尘埃组成的。其他的行星也有带光环的，但土星的光环显然是最大、最美的。

　　有些人觉得，与木星相比，土星看起来很无聊，因为它没有并排出现的彩色云带，也没有漩涡状的风暴系统。但是，事实并非如此！前面说的这些细节土星都有，只不过被一层厚厚的烟雾遮盖住了，因此土星看起来是一片奶黄色，其中夹杂着十分微妙的条纹。土星上也会时不时出现风暴，而且风暴的规模并不小。比如，在2010年到2011年

之间，土星上就形成了一场巨大的风暴，它遍及了土星的北半球！土星在一项数值上优于木星，那就是它的卫星数量：它有82颗卫星，木星则有79颗。这真的像一个"小太阳系"在绕着"太阳"（土星）运行。土星的大多数卫星都是很小的球体，或干脆是大冰块，但也有一些和月球一样大，整个土星系统可以算是一个神奇的小世界。土卫一"米玛斯"上有一个巨大的陨石坑，看起来颇像电影《星球大战》里的"死星"，在这颗卫星的表面，有一些裂缝会向外喷射冰晶。而土星的卫星中最迷人的要数土卫六"泰坦"，它的直径比水星还大，并且拥有自己的大气层，表面还有湖，只不过"湖水"是甲烷。有的天文学家认为，土卫六上将来会孕育出生命——甚至可能此刻已经存在生命。

重要数据

卫星数：82

质量：约为地球的95倍

直径：约为地球的9倍

绕日周期：约为地球上的29年

自转周期：10小时42分

温度：零下177摄氏度

光环：主要的有7个

所属类型：气态巨行星

光环系统

土星最出名的特征就是它的光环系统。这些光环起初可能是一颗大彗星或一颗小卫星，由于离土星太近，被土星巨大的引力扯碎，才形成了光环。土星的光环最远处距离土星本体超过40万千米，但自身非常薄，部分区域只有大约10米厚。它们是由大块的冰构成的，而其颜色来自吸附在它们表面的大量灰尘。

实验

土星有一个非常有趣的特点，那就是它的平均密度只有0.69克每立方厘米，这比水的密度（1克每立方厘米）还小！所以人们常说，如果有足够大的水域，就能让土星漂在水上！

浴缸里是放不下土星的，但我们可以试着用各种物体做实验——从石块到苹果，看看什么能浮起来，什么不能。哪些物体的平均密度比水小，它们有什么共同的特性？

土星的卫星

土星拥有的卫星数量比太阳系中其他每一颗行星都多——据最新统计，它有82颗卫星，而且这些卫星种类繁多，就像一个微型的行星系统。

泰坦

土卫六"泰坦"是土星最大的卫星，直径5100多千米，仅小于木卫三，是太阳系第二大的卫星。欧洲航天局的探测器"惠更斯号"于2005年乘"卡西尼号"实现了对这颗卫星的登陆。"惠更斯号"的探测显示土卫六表面有河流、湖泊，还有降雨现象，但无论河流、湖泊还是雨水中的都是液态甲烷，而不是水。毕竟土卫六太冷了，温度为零下79摄氏度，不可能有液态的水。

恩克拉多斯

土卫二"恩克拉多斯"是一颗较小的卫星，直径只有497千米。但"卡西尼号"发现它表面的裂缝会向外喷射水柱，这些水柱是从它内部深处的海洋挤压出来的。目前推测它的海洋拥有允许生命存在的条件，但那里是否存在生命还不得而知。

米玛斯

土卫一"米玛斯"直径只有不到400千米，比土卫二还小一点儿，外观为灰色，有很多环形山，有点像月球或水星，但是与这整颗星球相比，其中有一座环形山实在显得太大了——它的直径有130千米，几乎是全星直径的三分之一。这座环形山名叫"赫歇耳"，用来纪念这颗星的发现者——著名天文学家赫歇耳，他也是天王星的发现者。

伊阿佩托斯

土卫八"伊阿佩托斯"是一颗奇特的卫星，它的直径约1470千米，一面亮得像白色的冰，而另一面却很暗，科学家认为这可能和它在环绕土星时要穿过一些暗沉的尘埃带有关。在它的赤道周围还有一道长约1300千米的山脊，其中许多山峰的高度超过19千米。想象一下几十座珠穆朗玛峰级别的高峰一字排开的场面！

土星是怎么获得光环的

目前已知太阳系有4颗带着光环的行星，其中土星的光环是最大、最漂亮的。但这套光环并不是从土星诞生开始就有的，我们认为，它确实是在很久以前形成的，当时土星的一颗较小的卫星碎掉了——或许是它自己分裂的，也或许是被小行星或彗星撞碎的。许多冰质的碎片散落在土星的周围，变成了今天的土星环。土星环非常宽，从土星本体算起，它延伸了超过40万千米，所以在地球上只用小型望远镜就能辨认出来，看起来仿佛给这颗行星套了一个大箍。但同时，土星环也特别薄，平均只有20米厚。土星环由3个主环和几个细环组成，但这些主环本身也是由成千上万个叫作"土星细环"的极薄的环组成的。假如我们直接飞进土星环，就会发现周围是数以百万计的绕土星运转的冰块，有的可能只有尘埃颗粒那么小，但也有些会像房子那么大。光环之间的缝隙中，是一些被称为"牧羊卫星"的小型土卫在游走，这些卫星维护着土星环的形状。可是，土星光环不会永远存在下去，这些光环物质正在缓慢地散开，在足够遥远的将来，土星将失去自己的光环。我们能生活在土星环最好看的阶段，还真是件幸运的事！

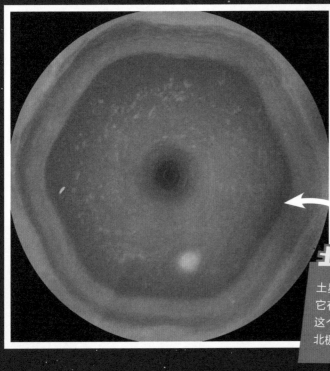

土星的极地风暴

土星没有像木星那样的大红斑，但它有一个宏伟的"极地六边形"！这个形状诡异的风暴盘旋在土星的北极周围，从不停歇。

"卡西尼号"探测器

美国国家航空航天局"卡西尼号"探测器绕着土星飞行了13年有余，研究了土星的卫星和土星环。它发回了几万张令人惊讶的科学图片，最后按计划冲入土星的云层，并在其中烧毁。

"卡西尼号"的难题

"卡西尼号"在观测土星时发现，土星大气的外层很热，比内层热得多，温度甚至高过了地球的大气外层。别忘了，地球可是离太阳更近的那个！

利用下面的线索，把单词拼写正确，好帮助"卡西尼号"弄清楚到底是什么让土星的大气变得这么热。

提示：你需要这种东西来给电视机和电灯供电。

LIAETCERCL
CERRTNU

已经找出答案了？

你能在家附近的其他地点找到这种能量吗？请把可能的地点列在下面！

....
....
....
....

答案：ELECTRICAL CURRENT（电流）。

单词搜搜搜

找出下列与土星相关的词汇。

GAS（气体）、STORMS（风暴）、TITAN（泰坦，土卫六）、RINGS（光环）、CASSINI（"卡西尼号"）

```
A F B M F H L I J K C G O J
T X X S H M O M R A V Z P
U G A S N P N G L F S E G M
Q N K T O Y O Q X N S U C G
X E C Y P Z W J Q O I P N E
Z D M B Y H S D Y M N L A M
W E O K S K T S X P I D T I
G R E M T P O G S N O Q Q I
H T H S A R I X C F K T N D
K P B G U M H G N R H X U N
L J N F S F O I C L C A N Z
G I A N B I C U F V X D X A
R I Z M F E I N O P L C J D
M Y C O G V N G J Q D J K V
```

土星脑筋急转弯

有关这颗套着"呼啦圈"的星球的问题,你能回答出多少呢?

制作带光环的土星

需要准备的材料
- 小球
- 卷尺
- 卡片
- 剪刀
- 马克笔

1. 测量出小球的直径。
2. 在卡片上画一个圆,直径是小球的2.5倍,然后把这个圆剪下来。
3. 以圆心为中心,画一个与小球直径相同的圆,并把它挖空,形成圆环。
4. 把用卡片做的圆环套在小球上,让它围着球的"赤道"固定。

呼啦圈

这幅图里的太空飞船绕着土星转了几圈?

来涂色吧!

请给土星的图片涂色。假如土星是由以下几种材料做的,那么应该使用哪些颜色呢?

草莓 ....

香蕉 ....

橘子 ....

水 ....

黄金 ....

土星的卫星中，你最像哪颗？

土星的卫星的形状各不相同，以下形状中你最喜欢哪种？
- **A.** 圆形
- **B.** 椭圆形
- **C.** 盘子形
- **D.** 飞碟形

土星的卫星的大小参差不齐，你最喜欢哪种大小？
- **A.** 很大
- **B.** 大
- **C.** 小
- **D.** 很小

土星的卫星的地貌特征各有千秋，以下地貌中你最喜欢拥有哪个？
- **A.** 湖
- **B.** 大环形山
- **C.** 小环形山
- **D.** 围绕腰部的山脊

土星的卫星的色彩缤纷多样，你最喜欢以下哪种？
- **A.** 橙色
- **B.** 黑与白
- **C.** 灰色
- **D.** 灰与白

左边4道题，你选中最多的字母是……？

A. 你是土卫六"泰坦"！
你的大小与水星差不多，在冰冻的表面上有湖泊，但"湖水"是乙烷和甲烷，人类不能喝。你广阔的平原上到处是沙丘，天空中还会有雨滴掉下来。

B. 你是土卫八"伊阿佩托斯"！
你是土星的卫星中第三大的，是个奇怪的天体：一半是灰色的，另一半则是黑红色的。天文学家认为，这些黑色的物质是从另一颗星球飞溅到这里的，最有可能的来源是一颗小小的卫星"菲比"。

C. 你是土卫三"特提斯"！
你是土星的卫星中比较大的，由冰构成，表面布满环形山，其中有些特别大，而最大的一个叫"奥德修斯"。除此以外，你还拥有又深又长的峡谷。

D. 你是土卫十八"潘"！
你属于离土星最近的一批卫星，个子很小。你是土星的"牧羊卫星"之一，负责维持土星环的形状。你的"腰部"有一道脊状的隆起，像一条轮胎。这道隆起是由土星环中的冰组成的，这些冰聚集在土星赤道所在的平面上。

填字游戏

你能根据线索推断出所有单词，填好左边的横排和竖排空格吗？

横向
1. 土星最著名的特征。
6. 土星环的主要成分。
8. 曾环绕土星飞行的探测器。
9. 这种东西土星至少拥有82个。
10. 土星最深处的固体、冰质的部分。
11. 电影《星球大战》里的一座空间站，被用来描述"米玛斯"。
14. 着陆在"泰坦"上的探测器。

纵向
2. 土星大气中的一种狂乱的现象。
3. 土星最大的卫星。
4. 这种东西在"泰坦"的表面有3个。
5. 一颗几乎都是冰的土卫，表面缝隙中有喷泉。
7. 土星大气中的主要天气。
12. 一层导致我们很难看到土星风暴的物质。
13. 太阳系中，离太阳比土星还远的已知行星数量。

答案：横向：1.RINGS（土星环）；6.ICE（冰）；8.CASSINI（"卡西尼号"）；9.MOONS（卫星）；10.CORE（核心）；11.DEATH STAR（"死星"）；14.HUYGENS（"惠更斯号"）。纵向：2.STORMS（风暴）；3.TITAN（泰坦，土卫六）；4.LAKES（湖）；5.ENCELADUS（恩克拉多斯，土卫二）；7.CLOUDS（阴云密布）；12.HAZE（烟雾，阴霾）；13.TWO（两个）。

天王星：
颠倒混乱的星球

天王星离地球太远了，在地球的晴夜里，它就像一颗普通的暗星，光线非常微弱，人们可能需要借助双筒望远镜才能看到它。同时，它离太阳也太远了，所以绕太阳运转的速度很慢，转一圈需要地球上的84年。很多人把这颗遥远的星球看作太阳系中最无聊的行星，但这种观点并不公平。诚然，天王星的表面可能只有一片缺乏内容的蓝绿色，不像木星和土星那样有巨大的风暴图案，它的光环也比土星环暗得多，因此更难看到，但是，天王星还是在很多方面都很有意思。

天王星是一颗"冰质巨行星"，有多个材质不同的层，都是由非常低温的气体或冰组成的。它自转的方式是"躺"着的，也就是像个倒下的桶那样滚动，而不是像其他行星一样有"直立"于公转平面的自转轴。它也有一个卫星大家族，其中一些卫星也像木卫或土卫一样奇特而美妙。因为距离太阳很远，天王星上的温度比地球低得多，环境也暗得多。

云层
与木星和土星的云层相比，这里的云层没什么看点，只夹着几条苍白的光带和少量深色的风暴。

风
天王星大气层中的风速可以达到860千米每小时。

光环
天王星共有13个光环，但它们都非常暗弱，所以从地球上几乎看不出来。

大气层
由温度很低的甲烷气体构成，从地球上看呈现蓝绿色。

卫星
天王星共有27颗卫星，全部为冰质，这些卫星全都比月球小。

核心
有人认为天王星具有一个岩质的、致密的纯固态核心，但这一点还未被完全证实。

幔部
由温度很低的甲烷冰、水、氨构成。其中氨是一种有刺激性臭味的物质。

重要数据

卫星数： 27

质量： 约为地球的14倍

直径： 约为地球的4倍，这大致相当于足球和网球的差别

绕日周期： 天王星上的1年约为地球上的84年，如果生活在天王星，有可能一辈子都过不了一次生日

自转周期： 天王星的自转比地球快不少，周期只有约17小时14分

温度： 其云层内部温度可以低至零下224摄氏度

光环： 多个，组成两个系统，都很暗弱

所属类型： 冰质巨行星

天王星为何"躺"着

太阳系中的其他行星在绕太阳运转的同时，都是"直立"着自转的，就像一只旋转的陀螺，或桌面上一枚旋转的硬币，但天王星截然不同，它的自转更像一个倒下滚动的桶，而不是陀螺。这个现象让天文学家困惑了很久，但现在我们已经有自信宣称我们解答了这个疑问。目前最佳的解释是：在数百万年甚至数十亿年前，甚至是天王星诞生后不久，有另一个天体猛烈地冲撞了天王星——这位"刺客"可能是一颗很大的小行星，或本身就有一颗大行星那么大。撞击的结果，就是天王星倾斜了大约90度，"躺"下了。这颗冰质巨行星从此没能重新"站"起来，就这样以"躺"的姿态继续自转，同时依然绕着太阳运转。这样极端的倾斜程度，也给天王星表面带来了最为极端的季节差异。

当时发生了什么？

2.大冲撞
某个颇具体量的天体重创了天王星，导致后者的自转轴倾倒。

3."懒虫"
如今的天王星"躺"着慢慢绕太阳运行，同时身边还有众多卫星绕转。

1.起初
天王星的两极也像其他行星一样垂直于公转轨道面。

天王星较大的几颗卫星

天卫五（米兰达）
它的表面带有一个迷人的"V"字形图案，还拥有落差近20千米的超级悬崖。

天卫三（泰塔尼亚）
它是天王星卫星中最大的，冰质的表面上千沟万壑，以莎士比亚笔下的精灵女王命名。

天卫一（阿里尔）
它的表面布满环形山、山脉和深谷，主要成分是岩石和冰。

天卫四（奥贝隆）
它的颜色极暗，而且发红，表面一些最新的环形山带着明亮的辐射纹，这种纹路是环形山形成时喷溅出的物质。

天卫二（乌姆布里尔）
它的表面到处是环形山。在其北极处一座叫"文达"的环形山内部，有一个由明亮物质构成的环形。

破译电码

迄今只有一枚探测器造访过天王星，那就是"旅行者2号"，它在路过这里时做了极为简略的考察。下面这段莫尔斯电码是它传回地球的信息，请尝试根据译码表，把它解读出来。

A .- B -... C -.-. D -.. E . F ..-.
G --. H .... I .. J .--- K -.- L .-..
M -- N -. O --- P .--. Q --.-
R .-. S ... T - U ..- V ...- W .--
X -..- Y -.-- Z --..

.... . .-.. .-.. --- / ..-. .-. --- -- / ..- .-. .- -. ..- ... ! / .. / -.-. .- -. /
... . . / .- / ... - --- .-. -- / .. -. / - .... . / .- - -- --- ... .--. .... . .-. .

HELLO FROM URANUS! I CAN SEE A STORM IN THE ATMOSPHERE（来自天王星的问信！我在天气层中看到了一个风暴）

试一试!

为太空飞船命名

天文学界正在期待将来发射一枚专门针对天王星的探测器，请在这里画出你的设计方案，并为它命名。

天王星脑筋急转弯

关于这颗 "躺" 着运行的星球的这些
问题，把你难住了吗？

小测验

关于天王星，你了解
多少？

天王星属于哪类行星？
A. 矮行星
B. 气态巨行星
C. 冰质巨行星

天王星是什么颜色的？
A. 黄
B. 绿
C. 红

天王星的哪颗卫星
拥有巨型悬崖？
A. 乌姆布里尔
B. 泰塔尼亚
C. 米兰达

已知的天王星的卫星
有多少颗？
A. 27
B. 28
C. 29

天王星的卫星中最大的是
哪颗？
A. 泰塔尼亚
B. 米兰达
C. 奥贝隆

"文达" 环形山在哪颗星
球上？
A. 奥贝隆
B. 乌姆布里尔
C. 米兰达

答案：C, B; C, A, A, B。

哪幅图与众不同？

下面照片中只有一张不属于天王星或它的卫
星，你能挑出来吗？

从太空飞船的舷窗
看到的天王星

"旅行者2号" 飞掠
天王星后回望
它的视角

哈勃太空望远镜
拍摄到的
天王星光环

天王星的卫星
"米兰达" 表面
有着奇特的纹理

答案：E。

68

拼图

这是天王星的拼图。请根据提示图里的数字，分辨这些拼图碎块中的哪一块是多余的？

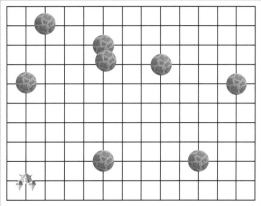

1	2	3	4
5	6	7	8
9	10	11	12

单词重排

把这些字母顺序乱了的单词调整好，然后使用黄方块里的字母在下方组成短语。

AU RUNS

ICE

TNAGI

SNGIR

NAME THE

MAD RAIN

LRAIE

RONBEO

TIATINA

MULE RIB

APE THERMOS

FSLICF

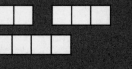

答案：URANUS（天王星）；ICE（冰）；GIANT（巨行星）；RINGS（光环）；METHANE（甲烷）；MIRANDA（米兰达，天卫五）；ARIEL（爱丽儿，天卫一）；OBERON（奥伯隆，天卫四）；TITANIA（泰坦尼亚，天卫三）；UMBRIEL（乌姆布里埃尔，天卫二）；ATMOSPHERE（大气）；CLIFFS（悬崖）。
短语：URANUS HAS RINGS（天王星有光环）。

找出天王星的卫星

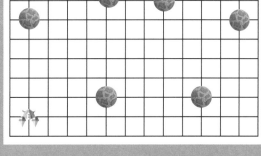

一位马虎的航天员把宇宙飞船的钥匙弄丢了，找不到就没法回家。他应该是把钥匙忘在了天王星的某一颗卫星上。下面的问题可以提供线索，算出每个步骤需要走的格数，帮他找到钥匙。请从宇宙飞船的位置出发吧！

“奥贝隆”是天王星的卫星中第二大的

海王星的卫星中最大的是“特里同”

1. 向右走，格数48÷4 = ☐
2. 向上走，格数42÷6 = ☐
3. 向左走，格数12×☐ = 36
4. 向下走，格数7×☐ = 28
5. 向右走，格数30÷15 = ☐
6. 向下走，格数24÷☐ = 12
7. 向左走，格数56÷8 = ☐
8. 向上走，格数11×☐ = 77
9. 向左走，格数36÷9 = ☐
10. 向下走，格数36÷☐ = 12

海王星：多风的遥远世界

海王星也不是一颗固体行星，这一点跟它的内邻天王星是一样的。海王星的表面不是岩质的，我们即便到达那里，也无法在它的表面行走。它是一颗冰质的巨行星，大气层厚实且充满云雾，其下就是很多层各不相同的低温气体或冰。它是太阳系的八大行星中离太阳最远的，绕太阳运行一周需要165年之久。因此，它反射的阳光也非常微弱，在地球上，如果不借助双筒望远镜或天文望远镜，就不可能看到它。由于亮度不足以被肉眼察觉，所以海王星当初是通过数学推算才被找到的。天文学家先是意识到有什么东西在对天王星施加引力，使之稍稍偏离轨道，随后就开始寻找一颗比天王星更远的行星，试图通过计算把望远镜的搜索范围缩小。1846年，法国天文学家勒维耶在假设这颗神秘行星存在的前提下，计算出了它的位置；随后，德国天文学家约翰·加勒利用勒维耶的计算结果，使用望远镜认出了海王星。其实在此之前，也有其他的天文学家在望远镜里看到过海王星，只不过误以为它是一颗普通的恒星。

如今，我们知道海王星是一颗蓝色的行星，它的直径是地球的4倍，其呼啸漫卷的大气中有一些颜色深暗的是风暴系统，那里的一些气流也是整个太阳系中最强劲的。它的一批冰质卫星形成了一个小家族，同时它也带有自己的光环，只不过特别暗淡，极难看到。1989年，"旅行者2号"探测器从这颗冰质的巨行星附近飞掠而过，并趁机研究了它，但从那以后就再没有探测器接近它了。因此，我们对它的了解仍然不如对其他行星那样深入。目前，科学家打算向海王星发射一个设备更加现代化的探测器，以便对其开展适当的研究，但即便真能发射，探测器也需要多年才能飞到那里。

重要数据

卫星数： 14

质量： 约为地球的17倍

直径： 约为地球的4倍

绕日周期： 约为地球上的165年

自转周期： 只有16小时多一点儿

温度： 零下235摄氏度

光环： 一个纤细、暗弱的光环系统，其中有5道主要的光环

所属类型： 冰质巨行星

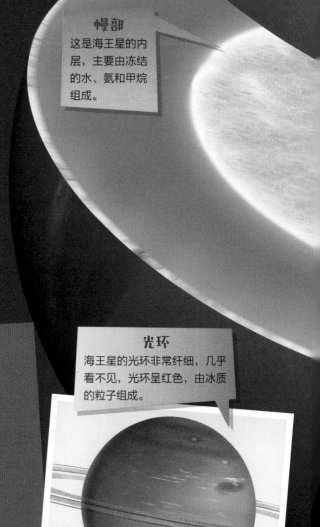

大暗斑
这是"旅行者2号"在1989年发现的一个巨大的深色风暴系统，过了几年之后消失了。

幔部
这是海王星的内层，主要由冻结的水、氨和甲烷组成。

光环
海王星的光环非常纤细，几乎看不见，光环呈红色，由冰质的粒子组成。

大气
海王星的大气层看起来像是蓝色的丝绸，主要成分是气态的甲烷。

核心
目前推断海王星的中心有一个致密的小型岩质内核，但仍不完全确定。

主要卫星

海卫一（特里同）
它是整个太阳系内较大的卫星之一，白中带粉的表面上有间歇泉，喷出大量黑色物质。

海卫八（普罗透斯）
它是海王星的第二大卫星，直径约400千米，表面遍布环形山，普罗透斯的名字来自希腊神话中一位可以随心所欲改变外形的海神。

海卫二（奈莉得）
它是海王星的第三大卫星，半径约178千米，目前只有十分模糊的照片。

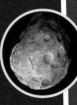

海王星的大气

许多人在初次看到海王星的照片时会觉得，这是一颗有很多水的行星，因为它呈现出美丽的蓝色，如同海洋一样。但这种颜色其实是由它云层中的甲烷造成的，这种气体会吸收阳光里的红光，并把蓝光反射出来。海王星的大气层在照片上看起来显得平淡无奇，但其实并不平静——与木星和土星那样的气态巨行星相似，海王星也拥有十分活跃的风暴系统，还有太阳系中最强的风，风速有时可以达到2000千米每小时。它的大气层里也像那些更大的行星一样会出现光带和暗云，但这些特征被一层暗淡的薄雾遮盖着，所以不很明显。地球上的望远镜和太空望远镜有时能在海王星大气层中看到明亮的条纹，它们是由冰冷的甲烷构成的高空云层。而在海王星大气层的更深处，又跟地球大气层类似，存在水蒸气组成的云。另外，海王星还有一个特别奇怪的性质，那就是它的温度比天王星还高，但它与太阳的距离分明比天王星更远。天文学界至今也不清楚为什么会这样。

海王星上的天气大概什么样？

风速
2000千米每小时

压力
海王星核心区的压力大约是地球表面气压的10万倍

最高温度
零下200摄氏度

最低温度
零下217摄氏度

雷暴
可能有雷电，但由于藏在大气层深处而无法观测到

大暗斑vs.大红斑

木星上的风暴系统可以持续几个世纪，海王星上的则只维持几年。

木星上的风暴系统内部拥有很多精细的结构，海王星上的则比较简单。

木星"大红斑"的颜色显得躁动，海王星"大暗斑"的颜色柔和得多。

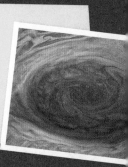

找不同

你能从这两张海王星照片中找出3处不同吗？

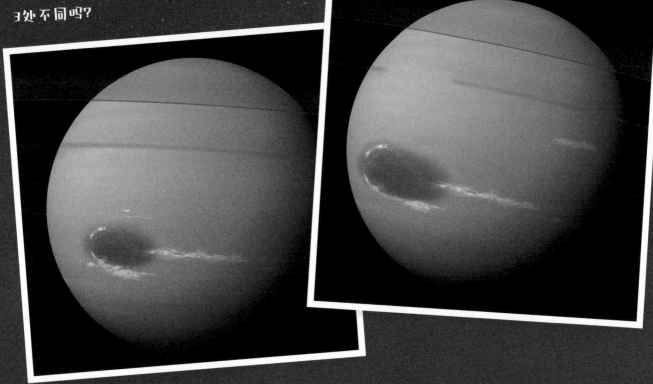

填字游戏

下面是关于海王星的一些词汇，你能把它们放进右边的填字游戏格子里吗？哪一个词会剩下？

WINDY（多风）

GREAT BLUE SPOT（大暗斑）

ICE GIANT（冰质巨行星）

OUTER PLANET（外行星）

NAIAD（奈德，海卫三）

PROTEUS（普罗透斯，海卫八）

海王星 脑筋急转弯

穿得暖和点儿，来回答关于这颗巨行星的问题吧！

数数这些雪花各有多少分叉？

海王星卫星的数字问题

海王星的卫星里缺少的数字是几？

4 16 5
1

6 ? 5
4

3 12 6
2

5 15 6
3

答案：6。

词语接龙

根据以下提示猜单词，注意答案中各个词所用的字母可以依次首尾相接。

一颗直径是海王星四分之一的行星

海王星的云是热的还是冷的？

海王星最大的卫星的名字

海王星是否拥有固态的表面？

答案：EARTH（地球）；HOT（热的）；TRITON（特里顿）；NO（否）。

74

选词填空完成句子

海王星是离太阳第_____远的大行星。

一　　三　　八

海王星的直径是地球的_____倍。

三　　四　　十

海王星表面出现过一个_____，称为"大暗_____"。

斑　　海　　风暴

海王星被一个暗弱的_____系统环绕着。

云雾　　光环　　硬币

海王星的已知卫星有_____颗。

12　　13　　14

海王星被归类为_____行星。

冰质　　矮　　巨

海王星大气中含量最多的气体是_____。

氢　　氦　　甲烷

海王星绕太阳运行一周需要_____年。

145　　165　　175

海王星最大的卫星是"_____"。

特里同　　泰坦　　福博斯

"特里同"表面喷出羽毛状暗色物质的现象属于_____。

间歇泉　　龙卷风　　风暴

以"海王星"（Neptune）这个单词的每个字母作为其他单词的开头，造一个句子。你能造得多有趣？下面是一个例子：

NINE
ELEPHANTS
PULLED
TWENTY
UNICORNS
NORTH
EAST

（9头大象把20只独角兽拉向东北方。）

拼图

借助右端图片里的数字提示，将把这些碎片拼在一起，展现出海王星上的一个著名特征。

冥王星：
印有"爱心"的矮行星

直到2006年，冥王星一直被看作太阳系的第九大行星，也是距离太阳最远的行星。但是，在像"阋神星"这类体量较小的行星被成批发现后，部分天文学家开始认为，冥王星无论是体量还是位置，都够不上大行星的资格，不应被认为是一颗正式的大行星。因此，海王星现在重新成为离太阳最远的大行星。而冥王星已经被归类为"矮行星"。冥王星是克莱德·汤博在1930年发现的，当时，汤博通过观察用望远镜拍到的照片，确认了冥王星是围绕太阳运转的行星。由于这颗行星离太阳的光和热太过遥远，所以后来被命名为"Pluto"，这个名字来自罗马神话中的冥界之神。

直到2015年，人们才第一次清晰地看到冥王星的外貌，因为这一年"新视野号"空间探测器从冥王星附近快速飞过，并借机给这颗星球拍了高清照片。而在此之前，天文学家只能通过地球上的望远镜和哈勃太空望远镜观察它，几乎看不出它表面的细节，只能勉强看到模糊的亮区和暗区。尽管如此，此前的天文学家还是已经知道冥王星的环境局促、黑暗、冰冷，知道它绕太阳一圈需要248年之久，而且周围有几颗冰质的卫星。天文学家还计算出了冥王星的轨道，这个轨道像一个长长的椭圆形，与其他行星的近似圆形的轨道有显著不同。这意味着冥王星在某些年份里离太阳比其他年份近得多。冥王星的轨道所在的平面与其他行星的轨道相比，也是严重倾斜的，所以冥王星的轨道平面显著偏离了太阳系各大行星的轨道平面。但要说这里最特殊的一件事，大概是冥王星的轨道有时会与海王星轨道交叉，跑到海王星的里侧。鉴于所有这些怪异的性质，冥王星在2006年的一次特别会议上被划定为"矮行星"，不在"真正的"行星之列。

伯尼环形山
这个名字取自1930年冥王星被发现后的一位11岁女学生威妮西娅·伯尼，是她建议以"普路托"给这颗行星命名的。

冥王星的第一印象

这里比较的是"新视野号"和哈勃太空望远镜各自拍摄的冥王星照片。看看它们的主要区别在哪里？盯着哈勃拍到的照片，你能猜到冥王星表面是什么样子的吗？把你猜测到的样子画下来，和"新视野号"拍到的比较一下。

哈勃太空望远镜拍摄

"新视野号"拍摄
"新视野号"是迄今唯一的研究冥王星的探测器。2015年它从冥王星附近呼啸而过，虽然没有留在那里，但也发回了许多令人难以置信的照片。

"新视野号"拍摄

哈勃太空望远镜拍摄
哈勃太空望远镜是在1990年由航天飞机送入太空的，至今仍在坚持服役。它发回了许多让人叹为观止的宇宙图像。

重要数据

卫星数： 5（但其中有4颗都特别小）

质量： 约为地球质量的0.002倍

直径： 约为地球的20%，比月球稍大一点儿

绕日周期： 约为地球上的248年

自转周期： 地球上的6天9小时

温度： 零下229摄氏度

所属类型： 冰质矮行星

冥王星的卫星

冥卫一（喀戎）
它的大小达到冥王星的一半，是冥王星卫星中最大的。它的北极周围有一片深暗的棕红色区域，被冠以《指环王》中的地名"魔多"。

冥卫二（尼克斯）
这颗直径只有约50千米的小卫星直到2005年才被发现。它以希腊神话中的夜之女神命名，它两极中的一极上有一个呈"飞溅"外观的红色陨石坑。

冥卫三（海卓拉）
它是冥王星的第二大卫星，直径51千米，成分是冰，以西方神话中一种长着9个头的怪物命名。

冥卫五（斯提克斯）
它是冥王星最小的卫星，直径差不多只有16千米，以希腊神话中冥界里的一条河命名。它是"新视野号"探测器在飞掠冥王星时才发现的。

冥卫四（科波若斯）
它是一颗直径仅约19千米的冰质卫星，是哈勃太空望远镜于2011年发现的。天文学家认为它其实是由两个小物体组成的，只不过二者非常紧密地结合在一起。

斯普特尼克号平原
这是一片宽阔、明亮的冰层，用人类发射的第一颗地球人造卫星命名。

希拉里山脉
这是一串由冰构成的高山，命名素材来自登山者埃德蒙·希拉里，他是首批登上地球最高峰——珠穆朗玛峰的人之一。

丹增山脉
这里也是一系列高大的冰山，以登山者丹增·诺尔盖命名，他也是首批登上珠穆朗玛峰的人之一。

汤博区
冥王星表面的这片区域形状很像一颗心，因此也被称为"冥王星之心"，正式命名采用的是冥王星发现者克莱德·汤博的姓氏。

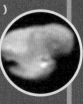

冥王星：一个冰封的世界

冥王星明信片

在"新视野号"探测器高速飞掠冥王星之前，许多人认为冥王星的表面可能平坦而无趣，毕竟它离太阳太远了。但"新视野号"的摄像头显示，冥王星风光迷人，其地貌特征如同火星或其他许多行星一样令人叹服。冥王星上布满陨石坑、山脊和山谷，这点跟其他部分行星非常相似，但它的最大的特点是那片奶油色的、巨大的冰质平原，其轮廓呈心形！在"新视野号"拍摄的第一批图像中，这处平原清晰可见。它的周围都是山地，冰川（冰冻的河流）从这些山上流下，流进平原地带。同时，冥王星也有很多由冰组成的巍峨群山。许多天文学家曾认定冥王星一直是一颗没有地质活动的"死"星球，因此，当他们发现冥王星有一座超过3800米高的"冰火山"之后倍感惊讶。这座冰火山已经"熄灭"，不过它曾经喷发过！只不过，它喷出的是冰泥，而不是炽热的熔岩。冥王星的大气层非常稀薄，那里的群山周围有薄雾存在的迹象，但如果真的站在这颗星球的表面，天空将永远是黑色的，布满了星星。太阳离它非常遥远，看起来只是一颗非常明亮的星星而已，而冥王星最大的卫星冥卫一则在天空中显得特别巨大。

冰质山脉
冥王星上的冰质山脉的一幅近距离照片。

冥王星和冥卫一
冥王星在这颗巨大的卫星旁边，显得像它的兄弟。

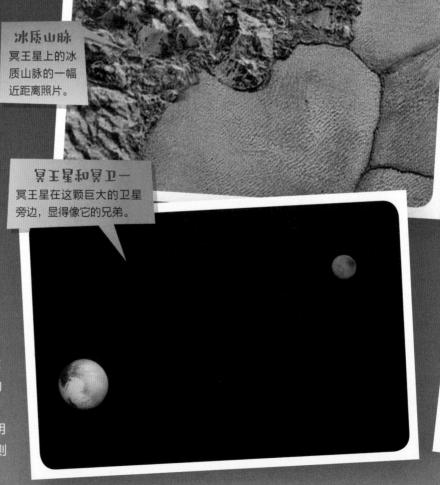

你知道吗？

冥王星的名字"普路托"（Pluto）是罗马神话里的冥府之神。在冥王星被发现的1930年，11岁的女孩威妮西娅·伯尼提出了这个命名。

目的地——冥王星！

请为未来前往冥王星考察的航天员绘制一张彩色明信片，内容要包括从冥王星上看到的风景，以及那时候的载人飞船的样子。

冥王星
这张照片的色彩经过了增强处理，让表面特征更加突出。

冥王星的蓝天
"新视野号"回望冥王星时，看到它的大气层发出蓝色光芒。

莱特山
这是冥王星上的一座冰火山。

冥王星谜题

这幅冥王星和它的大卫星"喀戎"的照片中少了一块拼图，下面两块碎片分别来自冥王星和"喀戎"，哪一块正确？

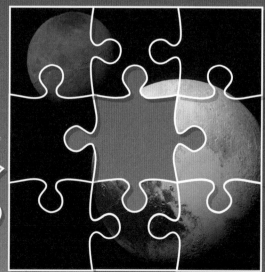

冥王星
脑筋急转弯

这是一颗带着"爱心"图形的星球！关于这个外星小世界，你能答出下面这些问题吗？

以下3幅图片，哪一幅是冥王星？

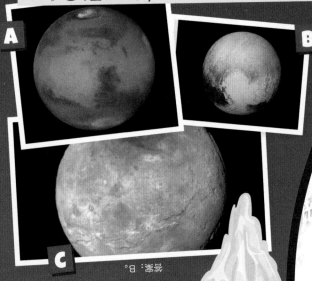

A

B

C

答案：B。

穿越迷宫去往冥王星

请帮"新视野号"空间探测器穿越太阳系，抵达冥王星！

来涂色吧！

这3幅图片，哪一幅是"新视野号"？

答案：B。

我来找

你能在本页找齐这5种东西吗？

冥王星拥有5个的某种东西

冥王星上很多见的一种坑

冥王星拥有的一种很高的、冰质的地貌特征

一种覆盖着冥王星的、滑溜溜的东西

在冥王星的夜空中最亮的星

这3幅图片，哪一幅显示了冥王星上冰质的山脉？

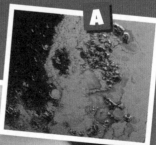

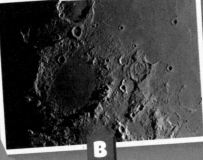

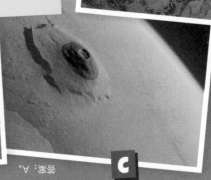

答案：A。

冥王星

重要数据

卫星数：5

质量：约为地球质量的
0.002倍

直径：约为地球的20%

绕日周期：约为地球上的
248年

自转周期：约为地球上的6
天9小时

温度：零下229摄氏度

所属类型：冰质矮行星

发现日期：1930年2月18日

探测器造访记录：2015
年"新视野号"飞掠

矮行星：
冥王星的兄弟姐妹

　　跟地球、木星和土星这类大名鼎鼎的行星相比，"矮行星"是一类小得多的天体，但它们仍然大于我们已经发现的所有"小行星"。1930年，汤博发现冥王星时，人们认为这是一颗新的大行星。但后来，天文学家陆续发现了与冥王星大小相似的许多星球。鉴于它们不够大，又不在大行星那种规整的轨道上，它们不能被归类为真正的行星，也因此得到了一个新的类别名称——矮行星。当然，也有很多专家不同意这个决定，但这个新分类还是沿用了下来。目前我们已经知道有多颗迷人的矮行星正在围绕太阳运行，很可能还有更多的矮行星正等着我们去发现。

　　已知的矮行星，大多离太阳很远，这个距离比从太阳到地球要远得多，所以它们绕太阳转一圈需要很多年。它们一般是岩质的或冰质的，也有些是由二者混合组成的，它们的表面都没有水，即便带有大气层，其中也不含水。到目前为止，只有两颗矮行星被空间探测器访问过，一颗是冥王星，另一颗其实是原属于小行星的谷神星。探测器发现，它们表面满是深坑、高山，以及其他种类的早已被人类熟悉的地貌特征，其中大部分呈现为非常暗的灰色，像黏土的颜

色，另外有些是深棕色的，甚至是红色的。矮行星也有自己的卫星，现在已经发现了好几颗这类卫星。矮行星甚至有一颗带有自己的光环，只不过极为暗弱，完全不像土星光环那么壮美。矮行星这种奇怪的小天体为什么如此吸引天文学家呢？这是因为它们非常古老，历史差不多跟太阳系一样长，而且自从大约50亿年前诞生以来并没有太大的变化，就像当初房子盖完之后剩下的砖块。所以，对矮行星进行研究，可以让我们获得很多关于太阳系的成分及其演化历程的知识。跟大行星相比，一些矮行星的名字似乎非常奇怪，而且难以发音，但这些名字的重要性不亚于金星、火星和地球，而且同样具有特殊性，因为它们的名字依然是来自多种文化中的神话传说中的神灵名字。比如妊神星（Haumea）和鸟神星（Makemake）是以波利尼西亚传说中的神命名的，阋神星（Eris）是以希腊神话中一位爱惹事的女神命名的，而谷神星（Ceres）以古希腊的玉米女神为名——不过，在遥远的太空中，既没有空气也没有水，一块巨大的冰冷岩石上是长不出玉米来的！

阋神星

重要数据

卫星数：1（迪丝诺美亚）

质量：约为地球的0.002倍

直径：约为地球的20%

绕日周期：约为地球上的559年

自转周期：约为地球上的25.9小时

温度：零下230摄氏度

所属类型：冰质矮行星

发现日期：2015年1月5日

探测器造访记录：无

鸟神星

重要数据

卫星数：1（MK2）

质量：约为地球的0.0005倍

直径：约为地球的8%

绕日周期：约为地球上的306年

自转周期：约为地球上的22.5小时

温度：零下229摄氏度

所属类型：冰质矮行星

发现日期：2005年3月31日

探测器造访记录：无

谷神星

重要数据

卫星数：0

质量：约为地球的0.00016倍

直径：约为地球的7.6%

绕日周期：约为地球上的4年7个月

自转周期：约为地球上的9小时

温度：不低于零下100摄氏度

所属类型：冰质-岩质矮行星

发现日期：1801年1月1日

探测器造访记录：2015至2018年间"黎明号"考察

妊神星

重要数据

卫星数：2（希娅卡、娜玛卡）

质量：约为地球的0.0006倍

直径：约为地球的16%

绕日周期：约为地球上的283.12年

自转周期：约为地球上的3.9小时

温度：零下229摄氏度

所属类型：冰质矮行星

发现日期：2004年12月28日

探测器造访记录：无

炫酷事实：外观是蛋形，还带有一个极为纤细暗弱的光环系统

试一试！

哪个更大一些

利用数字，算出地球比矮行星平均大多少。请记住要使用下面的公式求出答案：

矮行星的直径÷地球和直径=？

对上述公式的得数，我们需要怎样做才能转换成百分数?

七神星

重要数据

卫星数：1（万斯）

质量：未知

直径：约为地球的7%

绕日周期：约为地球上的245年

自转周期：约为地球上的7~21小时

温度：零下229摄氏度

所属类型：冰质矮行星

发现日期：2004年2月17日

探测器造访记录：无

炫酷事实：这是又一颗以罗马神话中的冥界之神命名的星球

塞德娜

重要数据

卫星数：0

质量：未知

直径：约为地球的12%

绕日周期：约为地球上的11408年

自转周期：约为地球上的11小时以内

温度：零下240摄氏度

所属类型：冰质矮行星

发现日期：2003年11月14日

探测器造访记录：无

炫酷事实：它是深红色的

矮行星的卫星

冥卫一（喀戎）
它是冥王星的最大的卫星。

妊卫一（希娅卡）
它是妊神星的卫星中较大也较靠外的那颗，直径约298千米。

冥卫五（斯提克斯）
它是冥王星的一颗微小的冰质卫星，直径仅16千米。

冥卫四（科波若斯）
它也是冥王星的卫星之一，因体积太小，直到2011年才被发现。

妊卫二（娜玛卡）
它是妊神星的卫星中较小也较靠里的那颗，名字来自夏威夷语中的海神。

冥卫二（尼克斯）
它是冥王星卫星中第三大的，但直径也只有约50千米，表面却有一个巨大的红色环形山。

鸟卫（MK2）
它是鸟神星已知的唯一卫星，目前猜测其直径为174千米。

冥卫三（海卓拉）
它是冥王星第二大的卫星，以神话传说中的九头蛇妖命名。

阋卫（迪丝诺美亚）
它是作为矮行星的阋神星已知的唯一卫星。

哪颗星更重？

通过下面的迷宫，可以找到质量最大的矮行星。这些星球在迷宫的路上按从轻到重的顺序排列。

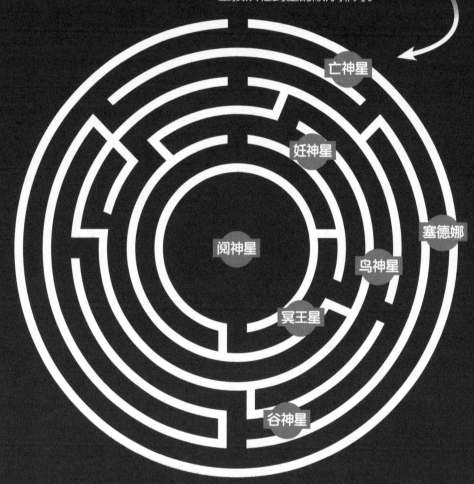

小测验

关于这些矮行星，你了解多少？

冥王星是哪一年被发现的？
A. 1920年
B. 1930年
C. 1940年

鸟神星已知有几颗卫星？
A. 1颗
B. 2颗
C. 3颗

以下哪颗矮行星有光环？
A. 冥王星
B. 阋神星
C. 妊神星

亡神星的卫星叫什么名字？
A. 普林斯
B. 万斯
C. 乌姆普夫

阋神星上的一年等于地球上的多少年？
A. 248年
B. 666年
C. 559年

答案：B，A，C，B，C。

重要数据

11 408

塞德娜绕太阳一周所需的时间，单位是地球上的年数。在迄今发现的所有矮行星中，塞德娜的公转周期是最长的。

-240

塞德娜表面的温度，单位是摄氏度。

3.9

妊神星上的一天的长度，单位是小时。这颗星自旋得太快，导致它的外观变成了蛋形。

柯伊伯带：太阳系冰冷的"后院"

柯伊伯带是一条带状的、非常古老的天体分布区域，它位于海王星的轨道之外，温度很低，充满岩石，就像一条加大版的小行星带。它的外围可能延伸到了围绕太阳运转的最远的星球之外，与太阳的距离是地球到太阳距离的50倍（即50天文单位）。冥王星及其他大多数矮行星都在柯伊伯带之内，而且我们到目前为止已经在柯伊伯带里发现了数千个天体，但这里的天体总数可能多达数十万个。有不少天文学家认为，在这个天体带里面可能还有更大的行星尚未被发现，不排除其中有些行星可能跟地球一样大。科学家们之所以对柯伊伯带的天体如此着迷，是因为它们的历史太悠久了，它们伴随着太阳系的诞生而形成，而且几乎从来没有变化。

连点成画

旅行者号

20世纪70年代的"旅行者号"探测器是率先到达外太阳系区域并研究外行星的人造飞行器。它携有一张金唱片，记录着来自地球的音乐、语言和动物声音。

漫长的年度
柯伊伯带里的天体离太阳都太远了,所以这些星球上的"一年",也就是它们绕太阳运行一圈的时间,通常长达数百年。

暗淡的天体
柯伊伯带里的天体通常都非常暗,呈现很深的深灰色,或很深的红色。

迷你卫星
柯伊伯带里的部分天体拥有自己的天然卫星,但这些卫星都很小。

柯伊伯带内最大的天体

冥王星
冥王星是柯伊伯带中最大的天体。它曾被归类为行星,但如今已改归为矮行星。

妊神星
它的形状像颗果冻豆,还带有微弱的光环。

鸟神星
它是柯伊伯带内第二亮的天体,颜色是暗红的。

共工星
它绕太阳运行一圈要500多年,它还有一颗卫星被命名为"相柳"。

再见，外太阳系

我们已经完成了对"外太阳系"的探索。这是一个特别寒冷、特别黑暗的区域——尤其是和"内太阳系"相比，"内太阳系"是充满太阳发出的光和热的地方。外太阳系的行星相当奇特，这是件好事：木星展现了我们能看到的最棒的漩涡云，而且木星的卫星也比其他行星都多；土星则拥有整个太阳系中最靓丽的冰质光环；天王星被许多人认为有点无聊，但它表面的强风和它冰质的卫星都很有魅力；海王星独具韵味的蓝色是在太阳系的其他地方看不到的。更不要说这里还有伴随在行星身边众多的卫星及它们表面有趣的陨石坑、峡谷，这里还有无数的彗星拖着尘埃流一趟趟地穿行，更有许多矮行星和小行星散布其间。外太阳系，绝对是值得反复探访的去处！不过，我们这趟太空之旅已经完成了，可以转身踏上返回地球的路了。看看地球上清凉的雨水、壮美的蓝天和多姿多彩的生命吧，在太空探险很有趣，但也没有任何地方比得了自己的家园。

记住行星们的顺序

有一种简单的方法来帮我们记住太阳系中各大行星的顺序：通过使用每颗行星名字的第一个字或其谐音字，我们可以创造一个有趣的句子，这叫"助记符"。来看一个例子……

水
水星

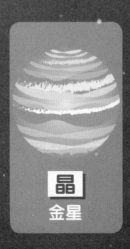

晶
金星

球
地球

火烧了
火星

你学到了什么？

请再读一遍关于外行星的各个章节，然后合上书，尽量写出你头脑中关于每颗行星的所有知识。仅限5分钟的时间！

5

试一试！

自己用行星名称多编一些句子，更有助于记忆。

木	变成了土	天涯	海角
木星	土星	天王星	海王星

奥尔特云：彗星的居所

"太阳系的尽头在哪里？"这是天文学家经常被人问到的一个问题，但这个问题很难回答。太阳发出的能量可以扩散到远得难以置信的太空中，但这些能量都是看不见的。而要论太阳系的物质边缘，应该说是奥尔特云——它是围绕着太阳系的一个冰质的物质带，其位置远远超出了最远的行星及矮行星的轨道。奥尔特云由数千亿块冰和岩石组成，它们是大约50亿年之前太阳系诞生时的遗存物，奥尔特云中的物质各有不同的飞行方向。可以说，奥尔特云就像一个又大又厚的冰冷气泡，包裹着诸多行星的活动区域。天文学家认为，奥尔特云的内侧边缘与太阳的距离是2000天文单位，外侧边缘则达到了10万天文单位。这个距离到底是多远呢？假如你乘坐一枚超高速火箭从地球出发，以光速（10.8亿千米每小时）行进，那么到达奥尔特云的内侧边缘需要一个月，而到达外侧边缘需要一年半！

彗星大迷宫！

这颗彗星要进入太阳系中心区，请帮它从迷宫中找到路吧！

重要数据

数千亿乃至数万亿

这是科学家估计的奥尔特云中冰质天体的可能数量。

3.2

这是奥尔特云中最远的物质与太阳的距离，单位是光年。

30 000

这是美国的"旅行者1号"星际探测器穿过奥尔特云需要的年数。它会在发射后300年进入奥尔特云。

太阳
共有8颗大行星绕着太阳运行，地球也是其中之一。

柯伊伯带
在离太阳50天文单位处，是柯伊伯带的主要区域的最外侧。

柯伊伯带

海王星
它是太阳系中距离太阳最远的巨行星，跟太阳的距离是30天文单位。

奥尔特云
奥尔特云的内侧边缘区像一个壳层包裹着太阳系，与太阳的距离为2000~100 000天文单位。

奥尔特云

可以在家试着做的太阳系主题实验

模拟月食和日食

需要准备的材料

- 一个足球，或大小与之接近的球
- 一个网球，或大小与之接近的球
- 明亮的光源

步骤

1 把足球（或大球）放在靠近光源的地方，而网球（小球）放在它后面的阴影中。

2 把网球放在足球和灯光之间，让网球在足球上投下影子。

3 讨论球和阴影的不同设置方式模拟的是哪些类型的"食"。

你学到了什么？

"食"是由于某个天体挡住了其他天体的光线引起的。通过这个用球做的实验，可以看出月食是月球进入地球的阴影引起的，而日食是月球在太阳前面经过引起的。

制造月面环形山

需要准备的材料

- 大托盘或碗
- 小袋的沙子或面粉
- 各种大小的石子

⚠️ **注意！** 投掷"流星体"时力度不要太猛，免得把面粉或沙子溅到自己或别人的眼睛里。

步骤

1 小心地往碗里或托盘里装上面粉或沙子，装到半满的程度，来模拟月球表面。

2 轻轻地把不同大小和重量的石头扔进去，砸出"环形山"。

3 注意不同形状、重量的石头和不同的投掷角度会造成"环形山"的形状和大小有哪些区别。

你学到了什么？

这个模拟实验告诉我们的，正是科学家通过空间探测器和阿波罗登月任务了解到的知识——月球上的众多环形山之所以有不同的形状和大小，是因为它们是由不同形状和大小的流星体，以不同的速度和角度撞击月面后产生的。

设计你自己的行星

需要准备的材料

- 大张的纸
- 水彩笔或蜡笔
- 本书

步骤

1 在纸上画出一个大的圆形或椭圆形。

2 翻阅本书,激发关于行星特征的灵感。

3 设计一颗独一无二的行星。

你学到了什么?

在太阳系中,没有哪两颗行星是完全相同的。如今,人类又发现了很多的系外行星,也就是围绕其他恒星运转的行星。或许,在太空的某个地方真的有一颗行星很像你设计的那颗!

以微缩比例展现太阳系各大行星

需要准备的材料

我们用一颗豌豆表示地球,其他行星以此为参考,按比例设置,所以需要准备以下物品。

- 水星,一粒芝麻
- 金星,一颗豌豆
- 地球,如前所述,也是一颗豌豆
- 火星,一粒胡椒
- 木星,一只网球
- 土星,一个小蜜橘
- 天王星,一颗葡萄
- 海王星,也是一颗葡萄
- 冥王星,一粒芝麻

步骤

1 收集好前述所有物品,把它们放进一个托盘。

2 把它们按各大行星的正确顺序排好,不要担心它们之间的距离,因为这个模型只展示各大行星的大小,不展示它们之间的距离。

3 观察并比较地球与太阳系其他大行星的大小。

你学到了什么?

与水星和火星相比,地球算是一颗挺大的星球,但从太阳系的整体来看,地球仍属于较小的巨行星。这个模型将帮助我们了解,与跟地球共享阳光和热量的各大行星相比,地球到底有多大。

制作一个小行星模型

需要准备的材料

- 大块的深色模型黏土，或类似的可塑材料
- 铅笔
- 勺子

步骤

1. 通过天文网站，关注那些有探测器访问过的小行星的形状和大小。
2. 把黏土塑造成星球的形状，请选择探测器造访过的小行星。
3. 用铅笔尖和勺子在黏土表面压出多种多样的坑。
4. 用手指捏黏土，做出山脊和悬崖。

你学到了什么？

小行星是太阳系在形成过程中遗留下来的碎石。它们的形状和大小多种多样，表面布满环形山等各种地貌。大多数小行星轨道都位于火星和木星之间的"小行星带"，但也有不少小行星运行在太阳系的其他各个区域。

趁下雨天寻找微陨石

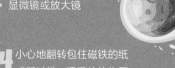

需要准备的材料

- 一个筛子
- 一块磁铁，最好是钕磁铁
- 塑料袋或纸
- 规划一片搜索区域
- 白色的盘子或碗
- 显微镜或放大镜

步骤

1. 把磁铁用纸或小塑料袋包好。
2. 在房屋的排水管下面放一个筛子，过滤雨后从屋顶流下来的水。
3. 用磁铁滚过筛出的物质，其中有些物质会被吸住。
4. 小心地翻转包住磁铁的纸或塑料袋，把吸住的物质提取出来。
5. 用放大镜或显微镜检查这些物质。
6. 在其中寻找小而圆的金属颗粒，它们可能就是微小的陨石。

你学到了什么？

每一天都有成千上万吨来自太空的物质穿过地球的大气层，其中一些很小，肉眼看不到。如果掌握了寻找微陨石的地点和方法，就有望收集到它们。

观察天空中的真实行星

需要准备的材料

- 一个晴朗的夜晚
- 光污染尽可能少的环境，以便看到清晰的夜空
- 天文方面的手机应用或网站，或许需要成年人来帮你操作

步骤

1. 在出门之前，使用天文手机应用或在天文网站查出今晚当地的天空中会出现哪些行星。
2. 在观察地点等待半小时，让眼睛适应黑暗环境。
3. 寻找天空中的行星，如果不确定看到的是行星还是恒星，请注意恒星会闪烁，但行星不闪烁。

你学到了什么？

仅凭肉眼，在夜空中除了能看到数千颗恒星，还可以看到太阳系的多颗行星。只要使用恰当的网站或应用程序来"导航"，识别这些行星十分容易。即使你没有获得"导航"信息，恒星闪烁而行星不闪烁这个知识点也能帮你在一群恒星中认出行星！

制作彗星模型

需要准备的材料

- 一块浅色的模型黏土，或类似的可塑材料
- 一小碗深色粉末，比如咖啡粉，或花园里的泥土
- 铅笔或钢笔
- 勺子
- 用纸剪成的长长的飘带
- 美工用的大头针或大头钉
- 手杖

步骤

1 请成年人帮你在网络上搜索太阳系中的彗星，看看都有哪些不同形状、不同大小的彗星。

2 将浅色黏土塑造成类似彗核的形状。

3 将黏土在黑色粉末或泥土中滚动，获得黑色的涂层。

4 用铅笔尖和勺子在黏土上制造坑洞，形成环形山。

5 用大头针将长纸带固定在黏土模型的一端。

6 把彗星装在手杖顶部。

7 把模型放在电风扇前，空气就会吹起纸带，形成"彗尾"。

你学到了什么?

彗星在夜空中看起来可能很明亮，但实际上它们的颜色相当暗。它们之所以显得明亮，是因为阳光让它们变热，导致气体和尘埃从彗核上脱落，然后反射了阳光。

观察中国空间站

需要准备的材料

- 可以使用"天文通"应用程序或微信小程序，或许需要成年人来帮你操作
- 一片晴朗的夜空
- 一个视野开阔的观察地点
- 双筒望远镜（无也可，但有则更好）

⚠️ **注意!**
在夜间不要独自出门去看中国空间站，请跟成年人同去，以保障你的安全!

步骤

1 请成年人帮助你在"天文通"中查询中国空间站下次何时通过你的观察地点。

2 按时来到观察地点，面朝预报中国空间站出现的方向。

3 如果看到一颗很亮的"星"从地平线上较快地升起，那就是中国空间站。

4 如果有双筒望远镜，可以看到更亮、更富色彩的中国空间站。

你学到了什么?

并非所有的人造航天器都会飞离地球，去探索太阳系的各星球和其他区域。比如，中国空间站就是一个围绕地球运行的大型太空实验室，航天员会在这里生活和工作。在一些晴朗的夜晚，我们能在天空中看到它飞过。

图书在版编目（ＣＩＰ）数据

浩瀚的太阳系 / 英国Future公司编著 ; 魏晓凡译
. -- 北京 ：人民邮电出版社，2023.4
（未来科学家）
ISBN 978-7-115-59962-9

Ⅰ. ①浩… Ⅱ. ①英… ②魏… Ⅲ. ①太阳系－青少
年读物 Ⅳ. ①P18-49

中国版本图书馆CIP数据核字(2022)第206667号

内 容 提 要

　　本书共 3 册，主题分别为浩瀚的太阳系、奇趣的动物王国、神奇的计算机及编程入门。书中包含大量精彩照片和图表，使用可爱的卡通人物形象讲述趣味科学知识，并与现实生活结合，科学解答孩子所疑惑的问题，让孩子在轻松的阅读中掌握科学原理。同时融入 STEAM 理念，通过挑战、谜题、测验，以及在家或学校都能进行的科学实验和实践活动，帮助孩子更加深刻地理解知识和运用技巧，学会解决问题的方法。

◆ 编　　著　　[英]英国 Future 公司
　　译　　　　魏晓凡
　　责任编辑　　宁　茜
　　责任印制　　马振武

◆ 人民邮电出版社出版发行　　北京市丰台区成寿寺路 11 号
　　邮编　100164　　电子邮件　315@ptpress.com.cn
　　网址　https://www.ptpress.com.cn
　　北京盛通印刷股份有限公司印刷

◆ 开本：880×1230　1/16
　　印张：6　　　　　　　　　　2023 年 4 月第 1 版
　　字数：208 千字　　　　　　　2023 年 4 月北京第 1 次印刷
　　著作权合同登记号　图字：01-2021-5733 号

定价：199.00 元（共 3 册）

读者服务热线：(010)81055493　印装质量热线：(010)81055316
反盗版热线：(010)81055315
广告经营许可证：京东市监广登字 20170147 号